MANUEL PRATIQUE

DE

GÉODÉSIE

BIBLIOTHÈQUE DES ACTUALITÉS INDUSTRIELLES. — N° 54

MANUEL PRATIQUE

DE

GÉODÉSIE

PAR

G. DALLET

Ex-Calculateur au Bureau des Longitudes et au Service Géographique de l'Armée.

Ouvrage honoré par la Société de Topographie de France, d'une médaille de vermeil.

Avec 22 figures dans le texte.

PARIS

BERNARD TIGNOL, EDITEUR

LIBRAIRIE SCIENTIFIQUE NDUSTRIELLE & AGRICOL

53 BIS, QUAI DES GRANDS-AUGUSTINS, 53 BIS

PRÉFACE

La nécessité d'un nouvelle Géodésie se faisait-elle réellement sentir ? Nous pensons que la réponse doit être affirmative et nous croyons pouvoir justifier cette opinion en l'appuyant sur les considérations suivantes:

Il existe, en effet, des ouvrages, véritables monuments du génie humain, sur la question. Les savants, qui les ont écrits, sont les créateurs des méthodes et des instruments qui ont servi de base aux merveilleuses entreprises de la cartographie moderne. Sachant qu'ils ne s'adressaient qu'à des savants capables de les lire, ils n'ont posé de borne à leurs puissantes recherches que celle de leur savoir même.

Mais s'ils ont rendu d'incontestables services à la Géodésie, ils ont écarté de l'étude de cette science éminemment française un grand nombre de savants géographes ou topographes qui n'ont intérêt à en connaître que les procédés d'application les plus généraux.

Evidemment, ce petit livre ne s'adresse pas aux savants de cet ordre. Toutefois, nous y avons développé, le plus simplement qu'il nous a été possible, ce que ces maîtres nous ont appris et ce que la pratique a pu nous enseigner. Nous serons bien heureux que ce travail, dans lequel nous avons évité les formules, toutes les fois que nous l'avons pu, puisse combler cette lacune et rendre quelques services aux géographes et aux topographes qui désirent s'initier, sans connaissances spéciales, aux principales opérations de la Géodésie.

Ce livre est surtout un hommage respectueux rendu aux encouragements, si précieux pour nous, de M. Vidal de la Blache et de M. Marcel Dubois qui, dans le fécond mouvement de diffusion des sciences connexes à la géographie qu'ils ont créé, ont bien voulu ouvrir à nos premiers essais dans cette voie les Annales de Géographie.

Qu'il nous soit permis, enfin, de dire combien la savante amitié de M. L. Raveneau nous a soutenu dans cette tâche.

G. Dallet.

CHAPITRE Ier

DES INSTRUMENTS EMPLOYÉS EN GÉODÉSIE.

Nous réunirons, dans ce chapitre, la description des instruments dont nous aurons plus tard l'occasion d'indiquer l'emploi. Cette méthode aura l'avantage de bien mettre en évidence les caractères communs ou différents qu'ils peuvent présenter ; toutefois, nous laisserons de côté tout ce qui est relatif à la manière de diriger les observations.

Vernier.

Cette pièce, que nous retrouvons sur le théodolite, sur le sextant, sert à évaluer l'arc complémentaire compris entre le trait de l'index et celui de la division qui le pré-

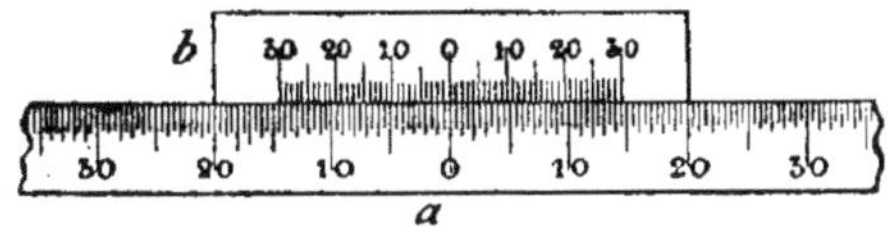

Fig. 1. — Vernier.

cède immédiatement, en suivant le sens de la graduation. On peut construire des verniers destinés à donner cet arc complémentaire, à moins d'un centième près.

Soit, par exemple, une graduation de 10 en 10 minutes centésimales : supposons que le plateau circulaire mobile, soudé à la colonne creuse, et qui se meut à frottement doux à l'intérieur du limbe gradué, porte sur son bord, à partir du trait de repère, une petite graduation, telle que 100 divisions correspondent exactement à 99 divisions de la graduation ; une division du vernier vaut donc 99/100. Donc, s'il y a coïncidence de deux traits à la n^e division du vernier, on conclura que l'arc complémentaire est de n centièmes, car le trait précédent du vernier dépassera celui de la graduation de 1/100. Le 2e trait de 2 centièmes, le n^e trait de n centièmes.

Si l'on voulait construire un vernier destiné à apprécier des dixièmes de division, il suffirait que 10 divisions du vernier embrassassent 9 divisions du limbe.

Ajoutons que l'on construit, sur le même principe, des verniers qui s'appliquent le long d'une règle et servent à l'évaluation des dixièmes ou des centièmes de millimètre.

Vis de Rappel.

La vis de rappel est un organe important des instruments d'astronomie et de géodésie.

Elle se compose d'une pièce mobile qui peut se mouvoir dans une rainure, creusée dans l'alidade mobile, au-dessus du bord du cercle fixe. On peut serrer la pièce mobile contre le bord fixe de l'instrument au moyen d'une vis verticale ou d'une pince. Cette pièce n'est elle-même qu'un écrou : elle est traversée par une vis horizontale, tangente au bord du cercle, qui s'engage dans les parois de l'alidade, au travers de deux trous filetés. L'une des extrémités de cette vis est garnie d'une tête qui sert à sa manœuvre.

Imaginons cette pièce serrée contre le bord fixe à l'aide

de la vis. Cette pièce sera un point fixe ; il en résulte que si l'on tourne la vis horizontale. on fera glisser la rainure contre la pièce, de manière à rapprocher ou à éloigner

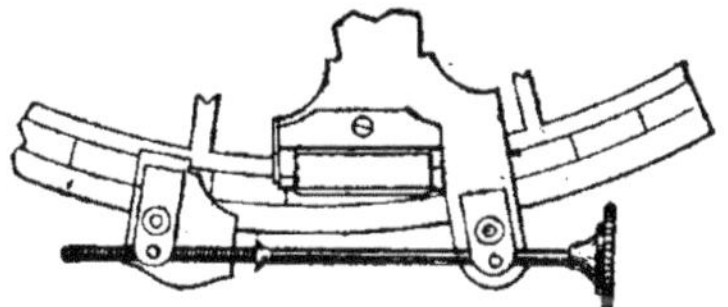

Fig. 2. — Vis de rappel.

l'alidade tout entière de cette pièce. La vis de rappel est utilisée,surtout pour la mise au point. Lorsque l'on a placé l'astre ou le signal dans le champ de la lunette, on serre la pince ou la vis verticale, puis on achève le pointé, à l'aide de la vis horizontale.

De la Lunette méridienne portative.

Nous ne décrirons ici que la lunette méridienne portative, laissant aux traités d'astronomie le soin de fournir la description des instruments à poste fixe des observatoires.

Comme tous les appareils de ce genre ne diffèrent que par des détails insignifiants, par le fini des pièces, l'harmonie de leurs proportions, nous nous bornerons à décrire un des types les meilleurs, le cercle méridien portatif de Brunner, en usage,depuis quinze ans,au Service Géographique de l'Armée pour les déterminations de longitude et de latitude que cet établissement a exécutées.

La lunette porte un objectif de 78 cent. de longueur focale et 61 mm. d'ouverture. Au foyer de cet objectif, on a disposé un réticule formé de 14 fils fixes verticaux. coupés par un fil central horizontal. Enfin, un fil mobile, vertical, peut se mouvoir très près des premiers, grâce à un micromètre adapté à l'oculaire.

Ce micromètre se compose d'un châssis rectangulaire portant le fil mobile. Ce châssis est mis en mouvement par une vis latérale dont le tambour est divisé en 100 parties égales. Le tambour tourne devant une pièce vissée

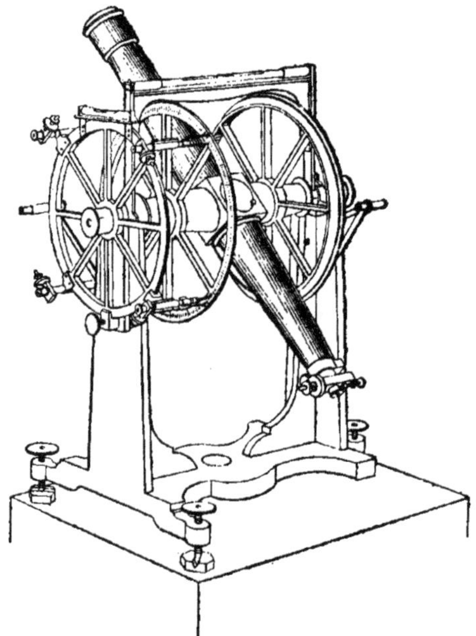

Fig. 3. – Lunette méridienne portative.

à la boîte du micromètre et portant un trait index. En outre, le fil mobile se déplace devant une plaque dentelée, dont chaque dent correspond à un déplacement du fil mobile, qui résulte d'un tour entier du tambour. Un petit trou rond, percé dans la plaque sur le prolongement de l'un des angles aigus, sert d'origine pour compter les tours ; une entaille un peu plus profonde sépare les groupes de cinq dents. Enfin, la plaque dentelée est fixée dans une position telle que le zéro du tambour est en face de l'index, lorsque le fil mobile couvre l'origine des tours.

La lunette n'est point formée par un tube cylindrique, mais bien par deux troncs de cône réunis par un cube. Ce cube renferme, à l'intérieur, un miroir plan, percé en son centre d'un trou elliptique, au travers duquel on peut observer les astres. Les deux autres faces du cube sont soudées à deux troncs de plus petit diamètre et de moindre longueur, terminés chacun par un axe d'acier exactement cylindrique. Les deux cylindres d'acier sont d'égal diamètre et ont même rayon ; ils constituent l'axe autour duquel la lunette peut tourner. Ils reposent sur deux coussinets d'acier, échancrés en forme de V et solidement fixés à un bâti de fonte, qui constitue le support de la lunette. Ce bâti se compose de deux montants verticaux recevant les coussinets réunis à leur partie inférieure par une pièce horizontale massive percée d'un trou en son centre. Ce pied n'a rien de particulier, sauf la disposition des vis à l'aide desquelles il repose sur le socle. Deux des vis sont situées en ligne droite, en avant et en arrière de l'un des montants ; elles s'appuient sur des galets en cuivre. La troisième vis engage le pied de l'appareil dans un bloc de fonte, entaillé en U. Une vis latérale, traversant le bloc de fonte, permet de donner un certain mouvement à ce pied, et d'imprimer,par suite,à l'appareil,un mouvement en azimut très utile pour amener l'axe optique de la lunette aussi près que possible du plan du méridien; en d'autres termes, pour réduire autant que possible l'azimut de la lunette.

L'un des axes d'acier, autour desquels tourne la lunette, est creux et laisse passer un faisceau de rayons lumineux qui, après réflexion, sont renvoyés vers l'oculaire et viennent éclairer les fils du micromètre ; c'est le tourillon qui est placé du côté du micromètre. Enfin, on peut disposer, sur l'axe de la lunette, un niveau d'eau très sensible, soutenu par deux longues branches qui s'appliquent par une entaille, en forme de V, au-dessus des points d'appui de l'axe.

On voit que, par ce mode de suspension, la lunette pourra être retournée sur ses coussinets, de telle sorte que les tourillons puissent prendre la place l'un de l'autre.

Enfin, l'un des troncs des cônes supporte un cercle vertical gradué, de 0,42 de rayon, divisé de 5' en 5' et numéroté de degré en degré. On a conservé la graduation en degré et non en grades parce que les positions apparentes des astres, auxquelles il faudra nécessairement comparer les observations sont données par la connaissance des temps en degrés sexagésimaux. Ce cercle divisé est porté par huit rais aboutissant à un collier central, qui peut tourner sur l'axe instrumental, mais qui peut aussi être fixé, dans une position choisie. Un limbe, non divisé, placé symétriquement par rapport au cube et exactement pareil au précédent, lui sert de contre poids. Le cercle divisé est adapté du côté du tourillon creux : on trouve encore, extérieurement aux montants de fonte, mais liée à eux par des vis de pression, une jante cylindrique à 8 rais qui joint un cercle de bronze auquel sont attachés 4 microscopes à micromètres, disposés aux extrémités de deux diamètres rectangulaires. Cette pièce est donc fixe, condition nécessaire puisqu'elle doit fournir des points de repères fixes ; mais, elle est traversée en son centre par le tourillon creux. Enfin, un cinquième microscope, muni d'un fil fixe, est fixé à l'extrémité du diamètre horizontal. C'est ce fil fixe qui jouera le rôle d'index. La construction des micromètres est identique à celle du micromètre de l'oculaire ; c'est-à-dire que le zéro du tambour doit encore être en regard de l'index, lorsque le fil mobile est pointé sur l'origine des tours. De plus, l'appareil est construit de telle sorte que 1 tour du tambour déplace le fil de 2'. Enfin, la tête du tambour est divisée en 60 parties, dont 1 partie de cette division vaut 2''. Pour que l'appareil soit réglé, il faut que le fil mobile dans chaque micromètre, étant pointé sur l'origine des tours, ces 4 fils soient en même temps superposés à 4 traits rectangulaires α, $90+\alpha$, $180+\alpha$, $270+\alpha$, ce que l'on obtiendra en déplaçant légèrement la plaque du micromètre, à l'aide d'une vis que l'on voit en arrière de cette plaque. Lorsque le limbe se trouvera dans une position telle que l'index tombe entre deux traits, l'arc complémentaire qu'il faudra ajouter à la lecture, s'obtiendra immédiatement en pointant à l'aide du fil mobile le trait précédent de la graduation. Et, comme il y a 4 microscopes, si a, b, c, d sont les lectures, l'arc sera :

$$\frac{a \times 2' + b \times 2' + c \times 2' + d' \times 2'}{4} = \left(\frac{a+b+c+d}{2}\right)'$$

Ainsi, on obtiendra immédiatement l'arc complémentaire en ajoutant la demi-somme des lectures des microscopes. Toutefois, comme, dans la pratique, il est impossible de combiner les diverses parties du micromètre d'une façon tellement parfaite que le tour de la vis corresponde exactement à 2', on est obligé d'appliquer à la demi-somme des microscopes une correction pour qu'elle exprime réellement l'arc complémentaire ; c'est la correction de tare. Pour calculer cette correction, on commence par déterminer la correction qui convient à une demi-somme, égale à 1 tour. A cet effet, on pointe successivement, avec le fil mobile de chaque micromètre, deux traits du limbe distants de 10', la lunette étant attachée par sa pince. Si a et a', b et b', c et c', d et d' sont les lectures de chaque micromètre, l'arc mesuré, exprimé en *tours*, sera :

$$\frac{a' + b' + c' + d'}{2} - \frac{a + b + c + d}{2} = m$$

Or, la différence m devrait être exactement 10 tours. Il faudra donc ajouter à m la correction $10^t - m$ pour que l'arc exprimé en tours soit représenté par le même nombre que cet arc, exprimé en minutes et secondes. $10^t - m$ étant la correction pour 10 tours, la correction à appliquer pour 1 tour sera :

$$\frac{10^t - m}{10}$$

Donc l'arc complémentaire d'un pointé quelconque sera :

$$\frac{10^t - m}{10}\left[\frac{a + b + c + d}{2}\right]$$

Quant au tour de la vis du micromètre de l'oculaire, sa valeur se détermine par une voie toute différente. Dans les cercles de Brunner, les lectures de la vis croissent dans la position cercle à l'Est, lorsque l'on superpose successivement le fil mobile et chacun des fils fixes du réticule, en suivant l'ordre du mouvement des étoiles dans la lunette. La moyenne des 14 lectures donne le Vm, c'est-à-dire la lecture qui correspond précisément au fil moyen idéal, auquel toutes les observations de passage seront ramenées par la moyenne des 14 temps observés.

Nous avons dit que le cercle gradué était réuni par 8 rais à un anneau centré sur l'axe de rotation de la lunette. En réalité, cet anneau peut tourner autour de l'axe de telle sorte que le cercle peut être amené à la main à présenter sous l'index la division que l'on choisira ; mais cet anneau est pressé contre la section du tronc du cône par un disque annulaire qui peut être serré par des vis, dont la tête dépasse, de telle sorte que le limbe gradué fait alors corps avec l'axe de la lunette et qu'il tourne avec celle-ci. Enfin, une pièce,qui peut se fixer par des vis à chacun des montants du bâti de fonte, porte une pince de rappel,qui saisit le limbe non divisé dans sa mâchoire, et immobilise ainsi la lunette. Cette pince est utilisée pour achever le pointé des astres. Lorsque l'aide, après avoir amené sous le fil index la division calculée à l'avance, a serré la pince, l'observateur, à l'aide de la pince de rappel, achève d'amener l'image de l'étoile sur le fil horizontal, en agissant sur la vis de rappel qui déplace légèrement la lunette.

On voit encore,extérieurement au bâti,sur chaque montant, deux vis traversant des écrous solidement vissés au bâti. Ces deux vis ont pour but de permettre de serrer la tige d'une sorte d'Y dont les branches portent une pièce servant à emboîter la partie inférieure du cercle porte-microscope. Par ce moyen,l'immobilité du porte-microscope est assurée.

Enfin, on remarquera, du côté opposé au porte microscope, une masse métallique montée sur l'axe de rotation ; cette masse est destinée à faire équilibre au porte-microscope de manière à ce que les efforts exercés sur l'axe de la lunette soient symétriques par rapport à chaque point d'appui.

Le fil mobile sert pour le pointé des étoiles polaires et celui de la mire méridienne ; le niveau, pour la mesure de l'inclinaison de l'axe de rotation. Par convention, on prend cette inclinaison positivement, lorsque le tourillon le plus élevé est le tourillon *Ouest*. On aura cette inclinaison avec son signe, si l'on prend avec le signe + les lectures sur les extrémités de la bulle, lorsque la graduation marche de l'est à l'ouest et au contraire avec le signe —, les lectures faites dans la position du niveau lorsque la graduation marche de l'est à l'ouest. On prendra ensuite le quart de la somme algébrique des lectures. Ainsi, si $+l$ et l' sont les premières lectures, — l_1 et l'_1 les secondes lectures, on aura :

$$\text{Inclinaison} = \frac{(l + l') - (l_1 + l'_1)}{4}$$

La convention ci-dessus tient à ce que si l'axe se relève vers l'ouest, le *Vo* est rejeté vers l'est, et, par conséquent, la correction d'azimut doit être modifiée positivement.

Du Sextant.

Nous dirons peu de chose de cet appareil parce qu'il fait presque exclusivement partie du matériel nautique. Cependant, comme il est quelquefois employé à terre par des marins ou des explorateurs, nous en donnerons une courte description à laquelle l'examen de la figure suppléera pour les détails.

C'est un secteur circulaire de 120° dont l'arc porte une graduation. L'un des rayons extrêmes, celui qui est situé du côté de l'origine, porte une petite lunette fixe. L'autre rayon extrême présente un petit miroir *m*, rigoureusement perpendiculaire au plan du limbe ; de plus, ce miroir est incomplètement étamé de telle sorte que l'on peut apercevoir l'image directe de l'objet au travers de la partie non étamée. Une alidade, mobile autour du centre du secteur, porte, suivant son axe, au-dessus du centre, un grand miroir entièrement étamé et, à son extrémité, un vernier, servant à fractionner les arcs de la graduation. L'appareil est réglé de telle sorte que le zéro du vernier, coïncidant avec le zéro de la graduation, le petit miroir soit parallèle au grand miroir.

Dirigeons, à travers la partie non étamée du petit miroir, l'axe optique de la lunette sur un objet éloigné ; l'œil apercevra en même temps une image réfléchie de l'objet dans le petit miroir et si les deux miroirs sont exactement pa-

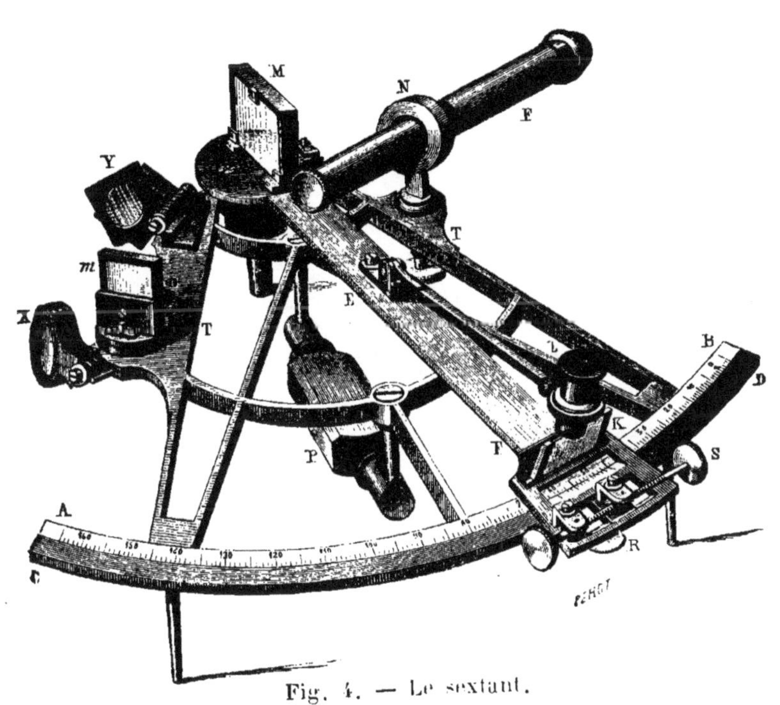

Fig. 4. — Le sextant.

rallèles, les images se confondront à cause de l'égalité des angles KOI et OIL dans le parallélograme KOIL dont M'O et la diagonale OI figurent la marche du rayon réfléchi et ML celle des rayons directs. On aura ainsi sous la main un précieux moyen de vérification pour constater que la condition de parallélisme des deux miroirs est bien remplie

On visera donc avec la lunette l'un des bords du soleil, dans la position de l'alidade telle que le zéro du vernier coïncide avec le zéro de la graduation d'une façon rigoureuse; la coïncidence de l'image directe et de l'image réfléchie devra être parfaite. Si cette coïncidence ne se produit pas, on déplacera l'alidade à l'aide de la pince de

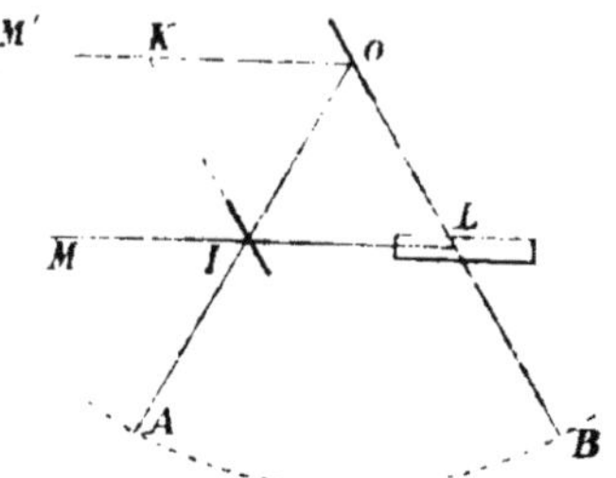

Fig. 5. — Théorie du sextant.

la vis de rappel, jusqu'à ce qu'elle ait lieu, ce qui donnera la correction du zéro.

Imaginons maintenant que tout en maintenant la lunette dirigée sur l'objet M, on fasse tourner l'alidade de manière

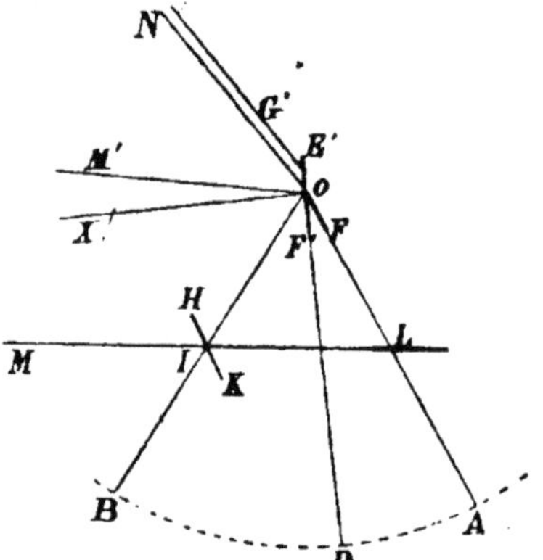

Fig. 6. — Usage du sextant.

à amener en coïncidence l'image réfléchie d'un objet N avec l'image direct de l'objet M.

Pour que la coïncidence ait lieu, il faut que le rayon

NO se réfléchisse suivant OI afin de pouvoir pénétrer dans la lunette suivant IL.

Comme les angles d'incidence et de réflexion sont toujours égaux, on a :

$$BIL = 2\,BID$$

et

$$IOL = 2\,IOD$$

Mais :

$$BIL = IOL + ILO$$

et

$$BID = IOD + IDO$$

donc :

$$IOL + ILO = 2\,IOD + 2\,IDO$$

et, par conséquent, puisque $IOL = 2\,IOD$,

$$ILO = 2\,IDO$$

c'est-à-dire que la distance angulaire entre l'objet N et son image, vue par l'œil, en L, dans la direction LIM, est double de l'inclinaison des miroirs.

Mais afin d'éviter à l'observateur la peine de doubler les angles mesurés, les arcs 1°. 2°, 3° sont numérotés respectivement 2° 4°, 6, etc.

Lorsque l'on fait usage du sextant à terre pour mesurer des hauteurs, comme on ne peut disposer de l'horizon de la mer, on a recours à un horizon artificiel. C'est simplement un petit récipient plat dans lequel on verse du mercure en couche peu épaisse. L'angle, que l'on mesure ainsi, est le double de l'angle cherché ; car, c'est l'angle SOM. La figure met en évidence cette propriété.

La graduation des sextants varie suivant les dimensions de l'instrument. Mais, on ne dépasse guère la dizaine de minute qui permet d'apprécier avec un vernier les dizaines de seconde.

Malheureusement, cet instrument comporte souvent plusieurs défauts dont il faut s'affranchir par des rectifications souvent compliquées :

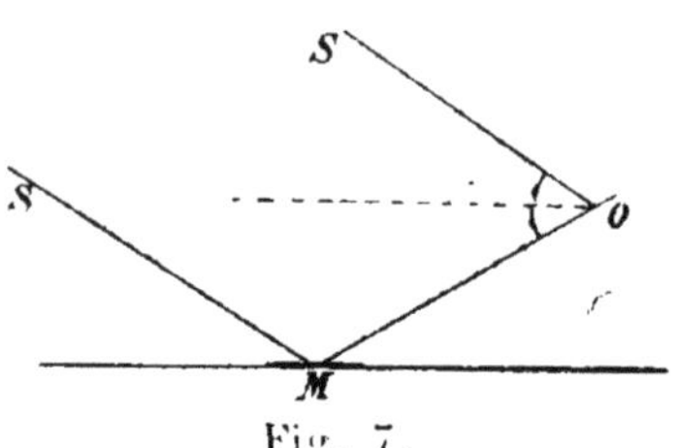

Fig. 7.

1° Rectification du zéro, dont nous avons parlé.

2° Rectification de l'erreur d'excentricité qui ne peut être éliminée ici par l'emploi de 2 verniers disposés aux extrémités d'un même diamètre.

3° Erreur périodique des divisions, qui pourra être rendue insensible en faisant varier l'origine des mesures.

4° Erreur due à une inclinaison de l'axe optique de la lunette sur le plan du limbe.

5° Perpendicularité des miroirs au plan du limbe

La dernière condition est assez facile à vérifier et à obtenir.

Pour les 2e, 3e et 4e sources d'erreur, l'observateur qui n'est pas familiarisé avec le calcul spécial qu'elles réclament, fera bien de s'en tenir à la garantie du fabricant. Toutefois, il aura toujours un excellent critérium, lorsqu'il lui sera possible de mesurer un angle exactement connu, soit par des opérations géodésiques, soit par une détermination entreprise dans ce but.

Du Théodolite.

Le théodolite est, par excellence, l'instrument des géodésiens. Il se prête également aux observations astronomiques extra-méridiennes, qui sont la grande ressource des explorateurs, et aux mesures d'angles horizontaux que réclament les triangulations.

Tous les théodolites sont aujourd'hui à réitération ; les anciens théodolites à répétition sont condamnés et relégués dans les collections des établissements scientifiques ou des amateurs. Nous ne nous attarderons pas à la description des théodolites répétiteurs qui sont des instruments fort compliqués, d'un maniement très délicat. Il nous serait superflu de fatiguer l'attention du lecteur à propos d'instruments qu'il n'est plus appelé à voir. Nous nous bornerons à exposer le principe de la répétition des angles ; nous le comparerons à celui de la réitération et nous établirons ainsi les raisons qui ont fait prévaloir cette dernière méthode.

La répétition des angles a été imaginée par Borda et a été appliquée aux instruments qui ont servi à la célèbre opération de Delambre et Méchain sur la méridienne de France. Elle a marqué une phase dans l'histoire des sciences appliquées que l'on crut portées tout d'un coup au plus haut degré de perfection. L'idée de la méthode est de mesurer, sur le cercle gradué, non pas l'angle de deux objets, mais un multiple de cet angle, de manière que l'erreur du dernier trait subsiste seule.

Comme l'angle simple se conclura par division ; on voit que l'erreur de trait se trouvera divisée, et comme celle-ci peut-être atténuée par la substitution de 2 ou 4 verniers à un seul vernier, ainsi qu'on le verra plus loin, l'erreur commise sur l'angle simple est rendue presque insensible au moyen d'un calcul très simple. De plus, en ajoutant les angles mesurés les uns aux autres, on a fait la somme algébrique des erreurs de pointé ; or, celles-ci ne suivent aucune loi et ont pour effet, tantôt de rendre la mesure de l'angle trop grande, tantôt trop petite : l'erreur doit donc tendre vers zéro. Il s'en suit que le quotient de cette somme par le nombre de répétitions (8, 10, 12) doit être à peu près complètement affranchi de toute cause d'erreur. Malheureusement, cette méthode, extrêmement ingénieuse, comme on en peut juger, ne tient pas tout ce qu'elle promet, par suite sans doute de la complication qu'elle introduit dans les instruments, ou de l'habileté qu'elle réclame de l'observateur. Ajoutons qu'elle est moins rapide que la méthode de la réitération qui nécessite beaucoup moins d'habileté.

Voici maintenant comment on procède : Après avoir visé un objet A, à l'aide d'une lunette pourvue d'un réticule formé d'une croisée de fils fins, qui se déplacent au-dessus d'un cercle gradué auquel elle peut être attachée par une pince, on amène sous l'index le zéro du cercle gradué qui est mobile autour du même axe que la lunette mais peut être arrêté dans une position fixe au moyen d'une pince spéciale : on serre alors cette pince et l'on fait la lecture des verniers. On passe ensuite à l'objet B que l'on pointe également en amenant son image sur celle de la croisée des fils, en serrant d'abord la pince de la lunette puis en agissant sur la vis de rappel. Cette première observation ne présenterait rien de particulier, si ce n'est qu'on se dispense de lire les verniers et l'index, lorsque la lunette est pointée sur B. On desserre alors la pince qui assujettissait le cercle gradué, *mais sans toucher à la lunette*, et l'on fait tourner ce cercle gradué, qui entraîne avec lui la lunette jusqu'à ce que l'image de l'objet A paraisse sensiblement sur la croisée des fils ; on serre alors la pince de ce cercle et l'on achève le pointé, s'il y a lieu, avec la vis de rappel sans faire aucune lecture. Voici donc encore une fois le limbe gradué immobile et la lunette pointée sur A ; on desserre alors la pince de la lunette, on la dirige sur B, que l'on pointe comme précédemment, toujours sans faire aucune lecture. Il est bien évident que l'arc que l'on lirait serait le double de l'angle des deux objets. On répète la série des opérations que nous venons de décrire, toujours dans le même ordre, de manière à ajouter l'angle 8, 10, 12 fois à lui-même. Les anciens ingénieurs géographes, très accoutumés à la pratique de cet instrument, se limitaient à répéter 10 fois l'angle, afin de ne pas prolonger trop longtemps les séries, ce qui a un inconvénient sérieux; car, l'appareil peut se déniveler dans l'intervalle.

La méthode de la réitération consiste à faire sur un limbe gradué, au moyen d'une lunette, pourvue cette fois d'un fil mobile, une série de mesures distinctes. Afin d'éliminer autant que possible l'effet de l'erreur périodique de division du cercle, le limbe gradué doit pouvoir tourner autour du même axe que la lunette, de manière que les différentes mesures de l'angle puissent s'opérer sur des origines différentes également espacées sur le quart de cercle. De plus, afin de réduire autant que possible l'erreur de pointé, celui-ci s'effectue, non plus à l'aide d'une croisée de fils fixes, mais au moyen d'un fil mobile, et toutes les observations sont ramenées par le calcul à une position déterminée, mais arbitraire, de ce fil mobile. On peut ainsi, la lunette étant pointée sur un objet et immobilisée au moyen de sa pince, pointer plusieurs fois de suite cet objet. On lit, chaque fois, l'indication fournie par le tambour de la vis micrométrique qui met le fil en mouvement et l'on adopte la moyenne des lectures qui ne doit plus être affectée sensiblement de l'erreur de pointé, car les erreurs commises dans chaque mesure sont tantôt positives tantôt négatives,et leur somme doit tendre vers zéro, au moins si l'observateur a quelque habileté. Cette bissection successive de l'image du signal,au moyen du fil mobile,s'appelle *réitération*. Enfin,dans les instruments réitérateurs de haute précision, les verniers sont remplacés par des microscopes à micromètre qui permettent d'apprécier l'arc complémentaire de la lecture de l'index avec une exactitude plus grande que celle des verniers.

Il y a lieu de remarquer que cette substitution, sur des instruments répétiteurs,augmenterait peu la précision des résultats ; car, le résidu laissé par les verniers est divisé par le nombre des répétitions, c'est-à-dire par 10, dans les opérations de haute importance.

Il ne faut pas se hâter cependant de condamner irrévocablement la méthode de la répétition, car elle fournit, en réalité,des résultats aussi bons que la méthode de la réitération lorsqu'elle est appliquée par des observateurs habiles, consciencieux et patients et il serait sans doute possible d'améliorer ces résultats en perfectionnant les instruments de mesure. Il y a là un problème qui peut tenter un jour quelque constructeur hardi, intelligent et théoricien tels que furent,en France,les Gambey et les Brunner, les Repsold en Allemagne, et il peut sortir de leur étude un type nouveau qui modifiera encore une fois les théories fondées sur les observations accumulées jusqu'à ce jour. La science n'est pas encore appelée à s'immobiliser sur ses conquêtes et il est impossible que l'évolution, que nous prédisons, ne se produise pas, parce qu'il est sans exemple qu'un principe fécond reste éternellement improductif.

D'ailleurs, il existe un critérium incontestable de l'exactitude à laquelle peuvent atteindre les deux méthodes par la considération des erreurs de fermeture des triangles géodésiques tracés à la surface du sol. On verra plus loin que l'on peut d'avance calculer la somme des angles d'un tel triangle pourvu que l'on puisse très grossièrement évaluer sa surface. Si l'on fait la somme des trois angles mesurés, et si l'on compare cette somme à la somme calculée, la différence représentera l'ensemble des erreurs commises sur chacun des trois angles. Les observations faites sur le parallèle algérien, de 1861 et 1867, et rapportées dans le tome X du Mémorial de la Guerre nous serviront d'exemple. Les 40 triangles de la chaîne, compris entre Blidah et Bône, ont été mesurés par le capitaine Versigny, à l'aide d'un cercle répétiteur, tandis que les 30 triangles, compris entre Blidah et Oran, ont été déterminés par le capitaine Perrier à l'aide d'un cercle azimutal réitérateur de Brünner, pourvu de deux microscopes. La moyenne arithmétique des erreurs de fermeture des 40 premiers triangles, prise sans tenir compte des signes algébriques, est 3″9 ; celle des erreurs de fermeture des 30 autres triangles est 4″1. On voit donc que la précision des résultats, donnée par les deux méthodes, est absolument de même ordre : et même, l'avantage semblerait acquis au système de la réitération ; mais, nous pouvons admettre que l'adjonction de deux micromètres supplémentaires sur le cercle réitérateur aurait rétabli l'égalité en améliorant légèrement les résultats individuels. Pour donner une idée exacte de la manière dont les valeurs observées d'un même angle se groupent dans chaque instrument, nous empruntons à l'ouvrage cité plus haut les nombres relatifs à une station de chacun des segments de la chaîne :

Angle Mélab El Kora-Matifou, observé du phare d'Alger. — Observateur capitaine Versigny. — Nombre de répétitions de chaque angle : 10. — Instrument : Cercle repétiteur de Gambey N° 4.

					Résidus
1860 — Mars 19	9 h. 0 matin	Origine 0	76° 1519″12	+ 4,97
»	2 30 soir	10	11, 63	— 2,52
»	3 30	20	10, 62	— 3,53
»	4 30	30	11, 00	— 3,15
»	5 0	40	11, 25	— 2,90
Mars 20	7 30 matin	50	12, 13	— 2,02
»	8 15	60	19, 12	+ 4,97
»	9 0	70	16, 12	+ 1,97
»	2 30	80	16, 25	+ 2,10
Mars 21	10 0	90	14, 25	+ 0,10
	Moyenne		76. 1514,15	

Si l'on calcule l'erreur moyenne de la moyenne par la formule connue :

$$\pm \sqrt{\frac{\Sigma\,\Delta^2}{n\,(n-1)}},$$

dans laquelle $\Sigma\,\Delta^2$ représente la somme des carrés des écarts autour de la moyenne, et n le nombre de déterminations, on trouve :

$$\varepsilon = \pm\ 1''\ 05$$

Angle-Santa Cruz ; tour Combes.
Instrument : Cercle azimutal de Brunner à 2 microscopes.
Observateur : cap. Perrier.
(Chaque angle résulte de la combinaison de deux mesures ; l'une, en déplaçant la lunette de Santa-Cruz sur la tour Combes ; l'autre, de la tour Combes sur Santa Cruz).

Origine	16	48^g 26	56″,00	— 4,10
1867. Novembre 5, de 3 heures à 4 heures.	36		62,00	+ 1,90
	56		58,00	— 2,10
	76		63,60	+ 3,60
	96		56,80	— 3,30
	26		55,60	— 4,50
novembre 6, de 3 heures à 4 heures 30 m.	46		63,20	+ 3,10
	66		56,80	— 3,30
	86		64,80	+ 4,70
	6		64,00	+ 3,90
Moyenne		48^g 26	60,10	

Cette fois, l'erreur moyenne de la moyenne est : ± 1″,18.

Le cercle répétiteur n'accuse donc point d'infériorité et l'on peut dire que l'on a surtout fait un gain sur le labeur des opérateurs.

Nous remarquerons que ces erreurs moyennes sont trop faibles d'environ 0″,2 par rapport à celles que l'on déduirait de l'ensemble des fermetures des triangles. Cet écart n'a rien qui doive surprendre, car il peut être attribué à l'influence de l'atmosphère, influence qui peut faire dévier certaines visées de leur direction véritable et, par là, n'être pas comprise dans l'erreur moyenne de l'angle tandis qu'elle agira sur la fermeture du triangle et se manifestera dans l'erreur que l'on en déduira. En effet, toute altération constante dans les observations disparaîtra lorsqu'on les comparera à leur moyenne. Les erreurs de ce genre sont dites systématiques ; ce sont les plus funestes, parce qu'elles ne s'éliminent pas par la reproduction des observations, qui peuvent paraître marcher très bien, tout en étant détestables. L'erreur moyenne :

$$\sqrt{\frac{\Sigma \Delta^2}{n\,(n-t)}}$$

ne doit donc être acceptée que comme une indication relative de la qualité des observations et non point comme une indication absolue.

Mais, il y a plus dans les observations du parallèle algérien : la somme algébrique des erreurs de fermeture de la partie Est de la chaîne donne un résidu de + 10″,3 pour les 40 triangles correspondant à + 0″,26 par triangle, tandis que la somme des fermetures des 28 triangles de la partie Ouest donne un résidu de + 40″,2 soit 1″,44 par triangle. L'épreuve n'est donc point en faveur de l'instrument réitérateur contre l'instrument répétiteur. Toutefois, l'excellence des résultats obtenus avec le cercle réitérateur à 4 microscopes, dans d'autres travaux géodésiques, autorise à penser qu'il y a équivalence.

Le théodolite reitérateur de Brunner, employé en France pour les opérations géodésiques de 2° ordre, se compose d'une pièce massive de bronze, munie de 3 vis calantes, par lesquelles elle repose sur le plan horizontal. Cette pièce fait corps avec un axe vertical central, qui lui est rigoureusement perpendiculaire. Cet axe est légèrement tronconique ; il s'emboîte exactement dans une sorte de colonne creuse, assez épaisse, fermée à sa partie supérieure. Cette colonne présente un disque de plus grandes dimensions, centré sur l'axe, qui peut tourner à frottement doux à l'intérieur d'un autre disque concentrique portant sur son bord intérieur, tracée sur un ruban d'argent, encastré dans le métal, une graduation directe en 400 grades (en sens inverse des aiguilles d'une montre). Le disque, attenant à la colonne creuse, porte, aux extrémités de deux diamètres rigoureusement rectangulaires, un vernier ; cela fait 4 verniers placés de telle manière que les zéros se trouvent sur deux diamètres rectangulaires. Au-dessus de chaque vernier s'élève un bras portant une petite lunette qui aide à la lecture du vernier correspondant. Les quatre bras aboutissent à la colonne creuse, de telle sorte qu'elle les entraîne en même temps que les verniers, en les maintenant dans la position voulue. Le cercle divisé a 0,10 de rayon intérieur; il est divisé de 10' en 10' (centésimales) et le vernier permet d'apprécier les centièmes de division, c'est-à-dire les dizaines de seconde centésimale. Le ruban d'argent laisse extérieurement une bande circulaire, de un centimètre environ, qui a l'avantage de protéger la graduation contre les heurts accidentels. Enfin, le disque qui la porte fait corps avec une enveloppe cylindrique, qui porte elle-même un petit disque qui s'engage entre les mâchoires d'une pince liée au pied de l'instrument. Grâce à cette pince, le disque, portant la graduation, peut être arrêté dans une position invariable. Enfin, une autre pince, munie d'une vis de rappel, est vissée au plateau porteur des verniers. Elle embrasse dans ses mâchoires le bord externe du disque de la graduation, de telle sorte qu'au moyen de cette pince on peut immobiliser la colonne et lui imprimer ensuite une légère rotation, à l'aide de la vis de rappel.

L'extrémité supérieure de l'axe porte une sorte de plateau épais, qui sert à soutenir un gros axe horizontal, dont l'une des extrémités supporte un cercle vertical divisé, une lunette et enfin une alidade portant un niveau latéral.

Le cercle divisé est plein : la graduation est encore tracée sur un ruban d'argent, encastré à un centimètre du bord externe, mais il présente une cavité circulaire, qui sert à recevoir un autre disque plein, centré sur l'axe, auquel la lunette est scellée d'une façon invariable. Ce second disque tourne à frottement doux : il offre encore 4 verniers disposés aux extrémités de deux diamètres rectangulaires. De plus, le disque de la graduation peut être arrêté dans une position fixe, au moyen d'une pince placée en arrière du cercle, dépendant de l'axe horizontal, dont les mâchoires mordent sur un petit disque, faisant corps avec un cylindre qui enveloppe l'axe horizontal. Ce cylindre fait lui-même partie intégrante de la masse métallique, qui compose le disque de la graduation. De plus, une pince, munie d'une vis de rappel, est vissée sur le disque auquel la lunette est attachée. Cette pince sert à arrêter la lunette dans une position déterminée, en laissant à l'observateur toute la faculté de lui imprimer un léger déplacement, au moyen de la vis de rappel.

Pour compléter cette description, ajoutons que l'axe horizontal de l'instrument supporte un niveau : enfin, un bras de levier, scellé au plateau qui couronne la colonne, sert à équilibrer le poids des cercles de la lunette et des accessoires.

Les instruments, qui sortent des mains des constructeurs, sont tels que le plan du limbe horizontal est perpendiculaire à l'axe instrumental et qu'enfin le plan du limbe vertical est perpendiculaire au deuxième axe instrumental.

Il résulte de ces conditions que, pour qu'un instrument soit réglé pour les observations, il faut :

1° Que le 1er axe instrumental soit exactement vertical.

2° Que le 2e axe instrumental soit exactement horizontal.

3° Que l'axe optique soit perpendiculaire à l'axe de la lunette.

4° Que les deux fils soient rigoureusement rectangulaires et que le fil horizontal, qui sera utilisé pour la mesure des distances zénithales, soit parfaitement horizontal.

Les deux premières conditions ne nécessitent que des rectifications faciles à opérer et qui, d'ailleurs, ne présentent aucun caractère permanent, en raison de la variabilité de l'état thermique des différentes parties de l'instrument. On y satisfait à l'aide du niveau. Il faut que l'axe, sur lequel il repose, reste horizontal, lorsque l'on nivelle dans deux directions perpendiculaires ; on y parvient en s'aidant des vis calantes du pied de l'instrument, et au besoin, de vis par lesquelles le 2e axe instrumental est réuni au plateau.

Quant à l'alidade mobile autour du 2e axe instrumental elle supporte, d'une part, un niveau, de l'autre, une pince qui sert à la fixer sur le cercle gradué. Au moyen de la vis de rappel, on ramène la bulle entre ses repères.

C'est ce niveau qui sert à déterminer la légère inclinaison de l'axe dans le plan du cercle vertical, comme l'on verra plus loin.

Quant à la 3e condition, elle est presque toujours remplie, d'une manière suffisante, ainsi que la 4e, qui, si elle n'est pas satisfaite exactement, peut s'obtenir, si l'on pointe toujours avec la croisée des fils.

Du cercle azimutal de Brunner.

Cet appareil est spécialement destiné à la mesure des angles réduits à l'horizon. C'est l'instrument des mesures de haute précision.

Il se compose d'une sorte de disque massif, supporté par trois vis calantes, appliquées aux extrémités de bras massifs. Le disque central reçoit une axe, qui lui est rigoureusement perpendiculaire.

Cette fois, l'axe ne fait pas corps avec le support ; il s'emboîte dans celui-ci par un trou central et à frottement doux. Il est maintenu sur le support par un évasement, en forme de disque, sur lequel on peut ajuster un autre disque qui, par 8 rais, soutient un limbe horizontal, portant sur son bord extérieur une graduation tracée sur un ruban d'argent encastré dans le métal. Ce limbe tourne à frottement doux à l'intérieur d'un autre limbe, dépendant directement du support et qui n'est appelé qu'à protéger la graduation. Quant au disque qui relie le limbe gradué, il peut être serré, comme dans un étau, au moyen d'un disque qui lui est superposé et qui peut être fixé invariablement au pied par de longues vis rivées au disque inférieur. Ces vis sont au nombre de trois; leurs têtes dépassent fortement au-dessous de l'instrument et servent à les tourner dans un sens ou dans l'autre.

Fig. 8. — Cercle azimutal de Brünner.

L'axe central est alors recouvert d'une colonne creuse, à parois très épaisses, fermée, à sa partie supérieure, par une plaque de bronze, qui repose sur la pointe supérieure de l'axe et peut être légèrement élevée ou abaissée à l'aide de ses vis de fixation, de manière à régler le jeu des pièces et à obtenir un frottement doux, mais témoignant d'un contact intime. La colonne creuse est couronnée par un petit plateau rectangulaire très épais. Il porte, à chaque extrémité, deux montants qui soutiennent un coussinet, destiné à recevoir l'axe transversal de la lunette. Aussi, ce plateau n'est-il pas beaucoup plus long que ne le réclame le mouvement de la lunette.

De plus, quatre bras, portant chacun un microscope à micromètre, sont scellés à la colonne creuse, de manière que les axes des microscopes soient sur deux diamètres rectangulaires. Ces micromètres remplacent les verniers pour l'évaluation du complément des arcs, lus à l'index. Enfin, la graduation du limbe, au lieu d'être tracée sur une surface horizontale, est appliquée sur une surface légèrement tronconique, ce qui facilite le pointé des divisions au moyen du fil mobile du micromètre.

La lunette des instruments, en usage au Service Géographique, a un objectif achromatique de 53 millimètres d'ouverture et 0 m. 62 de distance focale et peut être pourvue de trois oculaires différents, donnant les grossissements 25, 30, 40. (Mémorial du dépôt de la Guerre, tome XII, 1re partie).

Quant au micromètre, au lieu d'être constitué par un seul fil mobile, il est constitué par 4 fils perpendiculaires deux à deux, de manière à former, par leurs intersections, un petit carré ayant deux côtés verticaux. Ces 4 fils conservent entre eux une position invariable. Ils sont fixés aux côtés d'un rectangle que la vis micrométrique déplace parallèlement à lui-même devant une plaque noircie, percée d'une ouverture, dont un des bords horizontaux est dentelé. L'appareil est construit de telle sorte qu'un tour de la vis micrométrique déplace le châssis d'une dent. Le tambour de la vis micrométrique est divisé en 100 parties égales et chaque partie correspond à un arc de 1' environ ; l'opérateur apprécie le dixième de partie.

Les pointés se rapportent toujours à un fil idéal passant par le centre du carré. Il y a deux manières de réaliser cette condition : soit de déplacer le châssis jusqu'à ce que l'image de l'objet apparaisse au centre du carré et de faire alors la lecture du tambour et des tours, soit de bissecter successivement l'objet, à l'aide de chacun des fils verticaux du carré, en lisant chaque fois le tambour. La moyenne des deux lectures se rapportera évidemment au centre du carré. Ce moyen est le plus exact.

Afin de permettre de compter les tours, à partir d'une même origine, la plaque dentelée porte, suivant la pointe d'un des V, une entaille suivie d'un petit trou rond ; il suffit ensuite, pour avoir le nombre de tours, de compter le nombre de dents, qui séparent l'origine de l'image des fils verticaux du carré. Ajoutons qu'un petit miroir, porté par une tige fixée au tube de la lunette et maintenue ainsi en avant de l'objectif, permet de renvoyer dans la lunette une quantité de lumière suffisante pour éclairer les fils du réticule mobile. On règlera très aisément, à la main, l'inclinaison du miroir, suivant l'incidence de la lumière.

Grâce à cette disposition, la lunette étant pointée sur un signal, on peut pointer plusieurs fois le signal, à l'aide du carré des fils, sans avoir besoin de toucher à la lunette. En général, moins les images seront fixes, plus il faudra effectuer de pointés. Nous voyons, dans le tome XII du Mémorial du dépôt de la Guerre, que dans les opérations de la nouvelle méridienne, chaque signal a été pointé 6 et quelquefois 8 et 10 fois.

La lunette est exactement équilibrée par rapport à son axe, ce qui fait qu'elle garde suffisamment la même inclinaison pour permettre le pointé des objets en azimut ;

enfin, on voit qu'elle peut être retournée sur ses coussinets, disposition précieuse empruntée aux instruments d'astronomie, qui aide certainement à l'élimination d'effets éventuels de flexion non analysés.

Un niveau peut s'appliquer sur les tourillons de l'axe de la lunette et en mesurer l'inclinaison. Enfin, l'appareil est complété par une alidade, fixée à la colonne creuse et présentant à son extrémité une pince à vis de rappel, dont les mâchoires embrassent le bord du disque fixe extérieur. En serrant la pince, la colonne creuse est donc immobilisée et la lunette ne peut plus se mouvoir que dans un azimut donné. Une des deux alidades se détache encore de la colonne creuse et vient affleurer la graduation ; elle se termine en biseau et présente un trait noir fin, qui sert d'index.

Pour compléter la description de cet appareil, observons que la lunette étant pointée sur un objet éloigné, la pince desserrée, si l'on desserre également les trois vis qui servent à assurer, par pression, l'immobilité du limbe gradué, on pourra tourner ce limbe à la main et amener devant l'index telle division que l'on voudra.

Ceci posé, voici comment on disposera les observations : Soient A, B, C, D, les signaux dans le sens de la graduation du cercle.

Après avoir préalablement nivelé le limbe horizontal au moyen du niveau, on dirigera la lunette sur l'objet A, puis, sans la pince, et après avoir desserré les vis, on poussera l'un des rais jusqu'à ce que le zéro se place devant l'index.

On serrera alors les vis, ce qui immobilisera le limbe gradué, puis la pince, ce qui assurera l'invariabilité de la lunette en azimut. Toutefois, au moyen de la vis de rappel de la pince, on achèvera, s'il y a lieu d'amener l'image au milieu du champ. On lira alors les 4 microscopes et, enfin, on pointera successivement l'objet, de 4, 5 ou 6 fois, à l'aide du couple de fils verticaux. Le nombre de dents, compris entre l'échancrure et le fil mobile, donnera le nombre de tours ; la lecture du tambour, celui des parties de tour. Enfin, on lira l'inclinaison de l'axe, à l'aide du niveau.

Puis, desserrant la pince, on déplacera la lunette jusqu'à ce qu'on aperçoive l'objet B, on serrera la pince, on rectifiera le point à l'aide de la vis de rappel, s'il y a lieu, on lira les microscopes, les tours de vis et les parties de tour, enfin l'inclinaison. On passera ensuite au signal C, puis au signal D... et, après le dernier signal, on achèvera le mouvement circulaire de la lunette, de manière à la ramener sur le signal A, après avoir décrit la circonférence entière dans le même sens. On visera alors le signal A, comme s'il s'agissait d'un objet distinct et, après avoir corrigé les deux lectures, faites sur ce signal, de la tare des microscopes, de la réduction des pointés à l'axe optique, de l'inclinaison, on devra obtenir le même nombre qu'à la première observation. Malheureusement, dans la pratique, la condition ne peut être remplie exactement ; car, l'erreur de pointé dans la lecture des microscopes et l'erreur de pointé au fil micrométrique ne sont pas forcément égales ; et puis, il peut y avoir un certain entrainement du limbe gradué, très minime. En tous cas, les deux nombres doivent être voisins à 1" ou 2" près ; s'il en était autrement, on rejetterait la série et on la recommencerait.

Laissant alors la lunette pointée sur A, on desserre la pince et les vis, puis on amène devant l'index la nouvelle origine choisie, et l'on procède au pointé des signaux, dans un ordre inverse du précédent. Sur 20 séries, qui composent une station de la méridienne de France, 10 sont sens direct, 10 sens inverse ; enfin, la moitié de chaque groupe est divisée en 5 séries (micromètres à droite) et 5 séries, (micromètres à gauche).

Le diamètre du limbe gradué est de 0m42 ; la division est effectuée de 10′ en 10′ (centésimales).

On peut dire sans hésiter que le cercle azimutal de Brunner réalise le type parfait des instruments destinés à la mesure des angles horizontaux, ou pour mieux dire des angles réduits à l'horizon ; il a été adopté par l'Espagne. Les américains des Etats-Unis se servent d'un instrument qui lui ressemble beaucoup. A l'étranger, on emploie presque exclusivement, en géodésie, des instruments dits instruments universels parce qu'ils se prêtent à la fois aux mesures de distances zénithales et aux mesures azimutales. Ces instruments sont des théodolites perfectionnés, dans lesquels la lunette occupe une position centrale. Imaginons la lunette méridienne avec son cercle vertical, ses micromètres, montée sur une pièce horizontale, mobile elle-même autour d'un axe vertical passant par le centre d'un limbe horizontal gradué et nous aurons l'instrument universel. Les origines pourront encore être changées au moyen de vis de pression assujettissant le limbe gradué à l'axe fixe dans des positions quelconques. Les verniers seront encore remplacés par des micromètres sur le limbe horizontal.

Dans la plupart de ces instruments, la lunette est brisée, c'est-à-dire que, dans le tube, on a disposé un miroir à 45°, qui renvoie les rayons dans la direction de l'axe. Celui-ci est donc creux et c'est sur son extrémité que l'oculaire est monté.

La complication de ces instruments est certainement une cause d'infériorité vis-à-vis du type français, si simple. Nous ne pouvons en donner une description, faute de place, car elle serait bien autrement longue que celle du cercle de Brunner.

Dans ce qui va suivre, nous supposerons les instruments connus et nous indiquerons, sans nouveau commentaire, l'usage qu'il faut faire de chacune de leurs parties pour obtenir les angles qui entreront dans les formules étudiées. Il en résulte que l'exposé des méthodes sera beaucoup plus court et présentera un caractère plus général.

Nous finirons ce chapitre en faisant remarquer que tous les calculs géodésiques, où les angles entrent en grades, peuvent être faits très aisément à l'aide des tables de logarithmes spécialement construites par le Service Géographique, tables à 5 décimales, d'un prix minime et tables, à 8 décimales, pour les calculs de haute précision.

CHAPITRE II

DÉTERMINATION DES COORDONNÉES

Il existe, en astronomie, trois manières de repérer un point sur la surface de la sphère céleste, c'est-à-dire trois *systèmes* de *coordonnées*, suivant que l'on rapporte les positions des points au plan de l'équateur, à celui de l'horizon, ou à celui de l'orbite du soleil. De là les trois systèmes : ascension droite-déclinaison, azimut distance zénithale, longitude et latitude héliocentriques ou géocentriques, suivant que l'on place le centre du monde au centre du soleil ou de la terre.

Un seul de ces système est appliqué à la géographie : c'est celui qui prend comme plan fixe le plan de l'équateur. La raison en est que la ligne des pôles terrestres et, par conséquent, le plan de l'équateur peut, en somme, être déterminée très exactement, en fort peu de temps, par l'observation directe, de telle sorte que l'on peut presque dire qu'elle laisse une trace matérielle sur la voûte céleste, tandis que la position de la ligne des pôles de l'écliptique ne peut être obtenue qu'au moyen d'observations embrassant une durée assez longue et nécessitant des calculs assez complexes. Mais, chose singulière, les noms des coordonnées dérivées sont précisément ceux qui correspondent au système de coordonnées s'appuyant sur l'écliptique.

Les mots de longitude et de latitude paraissent avoir été inventés par Hipparque ; du moins, est-ce lui qui paraît les avoir employés le premier.

Le plan de l'équateur est perpendiculaire à l'axe du monde et passe par le centre de la sphère. Il coupe la surface terrestre suivant un grand cercle.

La verticale d'un lieu est la direction du rayon terrestre en ce lieu, si l'on admet que la terre est une sphère. Mais si l'on a égard à la forme ellipsoïdale du globe terrestre, on reconnaît qu'elle ne passe plus par le centre de la terre. Cette verticale doit alors être considérée comme la ligne définie, en géométrie, sous le nom de normale.

La latitude astronomique d'un lieu est l'angle que fait la verticale de ce lieu avec le plan de l'équateur.

La latitude géocentrique est l'angle que fait le rayon terrestre avec le plan de l'équateur.

Or, pour avoir l'angle d'une droite et d'un plan, il faut projeter cette droite sur le plan et mesurer l'angle qu'elle fait avec sa projection. Pour projeter le rayon terrestre ou la normale, il suffira de construire le plan qui passe par la ligne des pôles et le point considéré.

Nous ne pouvons développer la comparaison entre les latitudes astronomiques et géocentriques, qu'il suffise de savoir qu'elles sont liées par les relations qui se traduisent par la formule :

$$tg\, l' = \left(1 - \frac{1}{p}\right)^2 tg\, l \quad (1)$$

La différence est, d'ailleurs, toujours très faible ; elle est nulle à l'équateur et au pôle, maxima pour le parallèle de 45°.

La latitude que l'on mesure avec les instruments est la latitude astronomique ; la latitude géocentrique n'est employée que pour quelques calculs d'astronomie et de géodésie. On conçoit, en effet que, vu l'éloignement, si l'on joint une étoile au centre de la terre et à un point de sa surface les deux droites se confondent. Il en est tout autrement s'il s'agit de corps moins éloignés tels que les planètes et la lune.

La déclinaison d'un astre est l'angle formé par la droite, qui joint cet astre au centre de la terre, avec le plan de l'équateur. La Connaissance des Temps donne, pour chaque jour de l'année, les déclinaisons des étoiles. Supposons

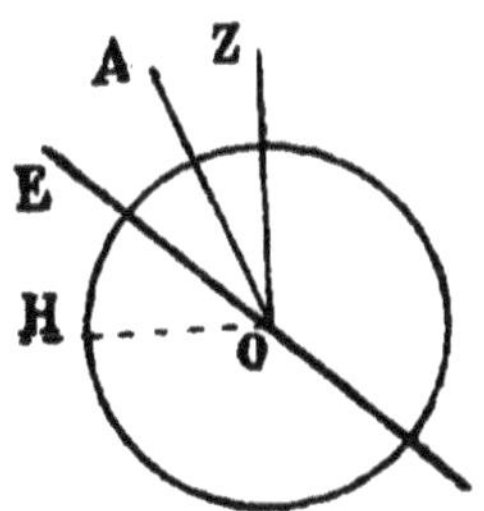

Fig. 9.

la terre réduite en un point : il en résulte que, si l'on observe, au moyen d'un instrument quelconque (sextant, théodolite ou cercle méridien), la hauteur d'une étoile au-dessus de l'horizon, c'est-à-dire l'angle AOH, ou son complément (fig. 9), l'angle AOZ, appelé distance zénithale, montre aisément que l'on a la relation :

$$ZOE = AOE + ZOA,$$

or, ZOE est la latitude, LAOE la déclinaison : D; ZOA la distance zénithale : Z, d'où :

$$L = D + Z$$

Si l'on a observé un astre situé au-dessous de l'équateur,

c'est-à-dire un astre de déclinaison australe,on aura, dans ce cas :

$$ZOE = ZOA' - A'OE$$

ou :

$$L = Z' - D'.$$

Mais comme, dans ce cas, les déclinaison sont comptées négativement, on voit que,pour retrancher la déclinaison, il suffira d'ajouter avec son signe la déclinaison D'. La formule, grâce à cette convention, peut donc s'écrire d'une manière générale :

$$L = D + Z.$$

Toutes les méthodes,pour déterminer la latitude,reviendront à mesurer la distance zénithale d'un ou de plusieurs astres connus.

La longitude est l'*angle dièdre* formé par le plan méridien du lieu, c'est-à-dire le plan qui contient la ligne des pôles et la verticale, avec un autre plan méridien pris comme origine. L'arête de l'angle dièdre étant la ligne des pôles, le rectiligne sera déterminé par un plan perpendilaire à la ligne des pôles. L'équateur, satisfaisant à cette condition, est, en quelque sorte, tout désigné. Ainsi, les longitudes sont mesurées par des arcs d'équateur. On les compte, en général, de 0 à 180°, de chaque côté du méridien origine, et on complète la définition de la position du point considéré en ajoutant à la valeur numérique de la longitude la qualification Ouest ou occidentale, Est ou orientale.

En géodésie, on remplace cette convention par une autre, qui est plus commode,au point de vue des calculs. On donne aux longitudes orientales le signe + et aux longitudes occidentales le signe —.

Le choix du méridien initial n'a aucune importance, au

point de vue théorique ; mais, il n'en est pas de même, au point de vue pratique. On pourra, en effet, toujours passer d'une longitude exprimée par rapport à un autre méridien à la longitude du même lieu par rapport à un autre méridien, pourvu que l'on connaisse la longitude de l'un des méridiens par rapport à l'autre, et cela par une addition ou une soustraction ; mais, l'élément de transition peut faire défaut; il faut alors le rechercher. De là, perte de temps. D'ailleurs, lorsque l'on aura un grand nombre de positions géographiques à transformer, la perte de temps sera encore sensible, sans parler des erreurs de calcul qui peuvent être commises. L'unification des longitudes par le choix d'un méridien unique serait donc une chose désirable. Il sera rendu compte plus loin d'une célèbre tentative effectuée dans ce but. Pour le moment, bornons-nous à constater que chaque nation fait usage d'un méridien propre, qui est, en général, le méridien de l'observatoire le plus voisin de la capitale. C'est ainsi que les Français rapportent leur longitude au méridien de l'observatoire de Paris, tel qu'il était défini du temps de Cassini, c'est-à-dire à un plan passant par le centre de l'observatoire ; les Anglais ont adopté le méridien fondamental de Greenwich ; les Russes, celui de Pulkowa ; les Allemands, celui de Berlin; les Italiens, celui de Rome, etc.

Le mouvement de rotation de la terre autour de son axe étant uniforme, puisque des étoiles différentes mettent exactement le même temps pour passer du méridien d'un lieu à celui d'un autre lieu, il en résulte que si l'on solidifie par la pensée le méridien d'un lieu déterminé, il accomplira un tour entier, autour de sa charnière, en 24 heures, prenant successivement la place de tous les autres méridiens ; par suite, l'arc d'équateur, qui mesure la longitude, sera exactement exprimé par le temps que met le méridien origine pour prendre la place du méridien du lieu considéré. Les longitudes peuvent donc s'évaluer aussi exactement en temps qu'en arc. La conversion se fera, d'ailleurs, très facilement, en observant que 24 h. équivalant à 360°, 1 heure équivaut à 15° ; de même. 60 minutes de temps représentant 15°, 1 minute de temps vaut 15′ d'arc ; pareillement, 1 seconde de temps vaut 15″. D'ailleurs, la conversion se fera plus aisément encore au moyen de tables numériques que l'on trouve dans tous les ouvrages spéciaux, notamment dans la Connaissance des Temps.

On distingue plusieurs manières de compter le temps. Les astronomes se servent du temps sidéral, c'est-à-dire de l'intervalle qui sépare deux passages consécutifs d'une étoile au méridien. C'est le jour sidéral. Son commencement est l'instant du passage à partir du point γ (intersection de l'écliptique et de l'équateur) au travers du méridien. L'heure sidérale est donc la fraction de jour sidéral écoulée, depuis l'instant du passage du point γ, jusqu'à l'instant considéré.

Pour les usages de la vie civile, on se sert d'une unité de temps fictive, appelée jour solaire moyen : c'est l'intervalle de temps qui sépare deux passages consécutifs au méridien local d'un soleil fictif qui décrirait l'écliptique en une année tropique avec un mouvement angulaire uniforme.

La durée de l'année tropique étant de 365 j. 242218124, il en résulte qu'en 1 jour le soleil moyen fictif parcourt un arc de :

$$\frac{360°}{365{,}242218124} = 0{,}985647283 = 59'\ 8''33$$

L'ascension droite d'un point de la sphère céleste étant l'angle dièdre formé par le plan qui contient la ligne des pôles et le point γ avec le plan passant par la ligne des pôles et l'astre considéré, cet angle sera encore mesuré par un arc d'équateur.

L'ascension droite du soleil moyen fictif s'accroît donc chaque jour de 59′ 8″33, ce qui fait que, pendant cette durée, il passera au méridien un arc d'équateur de 360° 59′8″,33 au lieu de 360° seulement. Donc 360° 59′ 8″ 33 valent 24 heures moyennes ; par suite, le temps nécessaire pour parcourir l'arc de 59′ 8″ 33 sera :

$$\frac{24 \times 59'8''33}{360^\circ\ 59'\ 8''33} = 3^m55^s\ 90945 \text{ de temps moyen :}$$

tel est l'excès de la durée du jour moyen sur le jour sidéral, exprimé en temps moyen.

Pour exprimer ce même intervalle en temps sidéral, on poserait : 360° valent 24^h sidérales et l'on tirerait :

$$\frac{24 \times 59'8''33}{360^\circ} = 3^m56^s\ 555348 \text{ temps sidéral.}$$

La Connaissance des Temps donne, pour tous les jours de l'année, le temps sidéral à midi moyen de Paris, c'est-à-dire l'intervalle de temps sidéral écoulé depuis le midi moyen de Paris. Cette quantité permettra de calculer l'heure moyenne d'un phénomène, connaissant l'heure sidérale correspondante. Exemple : Quelle est l'heure moyenne d'un phénomène observé à Paris, le 8 février 1890, à $7^h9^m9^s85$ de temps sidéral. On trouve dans la Connaissance des Temps que le temps sidéral, à 0^h de temps moyen $= 21^h14^m8^s85$. Il s'est donc écoulé, depuis l'instant du passage jusqu'à l'instant considéré : $7^h9^m9^s85 - 21^h14^m8^s85 = 9^h55^m1^s00$. Il reste à transformer cet intervalle en temps moyen : pour cela, on remarquera que 1 jour sidéral vaut (24^h — $3^m55^s,90945$) ; donc,

$$1 \text{ heure sidérale vaut } \frac{24^h - 3^m55^s90945}{24^h}$$

et $9^h55^m1^s$ vaudront :

$$\frac{24^h - 3^m55^s90945}{24} \times 9^h55^m1$$

ce qui donnera :

$$9^h53^m23^s$$

La Connaissance des Temps donne, sous le nº V, une table numérique qui dispense de faire la division et la multiplication ci-dessus. On écrira immédiatement :

Heure sidérale. — Temps sidéral à 0^h	=	9^h55^m1
Correction (toujours négative)	= −	1.37.5
Heure moyenne		9.53.23.5

Si l'observation avait été faite dans un autre lieu que Paris, il aurait fallu calculer le temps à midi moyen local, puis l'on aurait opéré comme ci-dessus.

Soit, par exemple, à calculer le temps sidéral, à midi moyen d'un lieu dont la longitude est $3^h45^m18^s$, le 14 juillet 1890. Il faut tenir compte de la variation du temps sidéral en $3^h45^m18^s$. La correction est négative parce que le lieu, étant à l'Est, le soleil moyen passe au méridien local avant de passer au méridien de Paris. La variation, en 24^h moyennes, étant de 3^m56^s555, on aurait la proportion :

$$\frac{3^m56^s555 \times 3^h45^m18}{24^h}$$

La Connaissance des Temps contient, sous le nº VI, une table numérique qui dispense d'effectuer le calcul. On aurait :

Temps sidéral à 0^h de Paris	=	$7^h29^m11^s47$
Corr. pour long. Est 3^h45^m18	=	− 0. 0.37.01
Temps sidéral local	=	7.28.34.46

On a souvent encore à résoudre le problème inverse, c'est-à-dire à convertir l'heure moyenne en heure sidérale.

Ex : Soit à chercher l'heure sidérale d'une observation faite à Dublin, le 5 juin 1890, à $8^h15^m41^s25$ de temps moyen.

Longitude de Dublin = 8°40'44" Ouest, soit $0^h34^m43^s$ en temps

Commençons par calculer le temps sidéral local, à midi, moyen, de Dublin. On trouve, d'après la méthode indiquée ci-dessus :

Temps sidéral à 0^h moy. de Paris =		$4^h55^m25^s72$
Corr. pour long. $0^h34^m43^s$ ouest =	+	0. 5.70
Temps sidéral à 0^h moy. de Dublin =		4. 55. 31. 42

Convertissons maintenant l'intervalle de temps écoulé, depuis le midi moyen, en temps sidéral. On remarquera que 24 heures moyennes valent 24 heures sid. $+ 3^m56^s555$; donc 1 heure moyenne vaut:

$$\frac{24^h \text{ sid.} + 3^m56^s555}{24^h}$$

et $8^h15^m41^s25$ de temps moyen représentent :

$$\frac{24^h\text{sid.} + 3^m56^s555}{24} \times 8^h15^m41^s25$$

La table VI de la Connaissance des Temps dispense d'effectuer ce dernier calcul. On obtient ainsi :

Heure moyenne locale	=	$8^h15^m41^s25$
Correction toujours additive	=	+ 1.21.43
Intervalle.depuis 0h. moyen.temps sid.	=	8. 17. 2.68
Temps sidéral local, à 0h. moy.	=	4. 55.31.42
Heure sidérale	=	13.12.34.10

La troisième manière de noter le temps est basée sur l'observation directe du soleil. Le midi vrai est l'instant du passage du centre du soleil au méridien. La Connaissance des Temps donne le temps moyen, à midi vrai, pour chaque jour de l'année, c'est-à-dire l'heure que marquerait une pendule réglée sur le temps moyen au moment du passage du centre du soleil au méridien. Il en résulte que si l'on ajoute cette quantité à une heure vraie, c'est-à-dire au temps écoulé depuis le passage du centre du soleil vrai, on obtiendra l'heure moyenne correspondante.

Toutefois, il faut tenir compte de cette complication que, si le temps moyen à midi vrai exprime réellement l'intervalle des deux midis ou son complément à 12 heures, la même différence ne saurait subsister, pendant toute la journée, entre deux horloges réglées l'une sur le temps moyen, l'autre sur le temps vrai. Mais, il est facile de trouver le véritable écart. Il suffirait, en effet, d'interpoler, par la formule de Newton, le temps vrai à midi moyen pour 0h. pour l'intervalle de temps écoulé depuis le midi moyen de Paris, jusqu'à l'instant considéré. Mais, dans la pratique, on se dispense de ce mode d'interpolation en employant la variation horaire interpolée elle-même pour la moitié de l'intervalle considéré. Cette dernière interpolation se fait très aisément, les différences secondes des variations horaires étant nulles. Nous n'entrerons pas dans la démonstration de ce procédé d'interpolation. Un exemple numérique guidera suffisamment le lecteur.

Ex. Quelle est l'heure moyenne d'un phénomène observé, à Smyrne, le 21 octobre 1890, à $5^h 10^m 23^s 45$ de temps vrai. Longitude de Smyrne $= 1^h 39^m 18^s$?

On posera d'abord, en observant que Paris est à l'Ouest de Smyrne :

Temps vrai de Smyrne	$= 5^h 10^m 23^s$
Longitude de Smyrne	$= 1 . 39 . 18$
Temps vrai de Paris	$3^h 31^m 5$

On trouve dans la Connaissance des Temps :

Temps moy. à 0^h vrai le 21 oct. 1890 $= 11^h 44^m 40^s 71$

Variation horaire	$= -\ 0.391$
Corr. pour $3^h31^m = -\dfrac{0.027 \times 3^h31}{2 \times 24}$	$= -\ 0.002$
Variation horaire calculée	$= -\ 0.393$
Variation du temps moy. $-\ 0.393 + 3^h31^m5^s$	$= \quad -\ 1.38$
Ecart entre le temps moy. et le temps vrai	$= 11\ 44\ 39\ 33$
Heure vraie de Smyrne	$= \quad .10\ 23.45$
Heure moy. de Smyrne	$= 4^h55^m\ 2^s78$

La différence, pour un instant quelconque, entre le temps moyen et le temps vrai s'appelle *équation du temps*. Elle ne dépasse guère un quart d'heure, mais elle est tantôt positive, lorsque le soleil moyen est en avance sur le soleil vrai, tantôt négative, dans le cas contraire. Afin d'éviter l'emploi des signes algébriques, la Connaissance des Temps donne, dans le dernier cas, la différence 12^h — équation. On voit donc que, pratiquement, on convertira toujours le Temps vrai en temps moyen en faisant une addition et en retranchant 12 heures du résultat, si l'on a employé un nombre voisin de 12 heures.

On pourrait encore se proposer de transformer une heure moyenne en heure vraie; mais, ce problème, offrant fort peu d'intérêt, au point de vue pratique, nous nous abstiendrons de le traiter.

Le mode d'interpolation, que nous venons d'expliquer, est approprié à la Connaissance des Temps qui fournit, sous le nom de variation horaire pour une date donnée, le quotient de la division par 48 de la différence entre le nombre se rapportant à la date précédente et celui qui est relatif à la date suivante. Il dispense de l'emploi du facteur d'interpolation de la différence seconde, tel qu'il résulte de la formule de Newton

$$\frac{\frac{n}{24}\left(\frac{n}{24} - 1\right)}{1.2}$$

et s'applique très commodément, si l'on prend la précaution de réduire les minutes et les secondes du facteur de la variation horaire, en fraction décimale d'heure. Ainsi dans l'exemple ci-dessus $3^h 31^m 5^s = 3^h 31^m 08^s = 3^h 51^m 7^s$.

On aura l'occasion d'appliquer cette méthode d'interpolation à propos de l'ascension droite et de la déclinaison du soleil, de la lune et des planètes. Mais, les coordonnées de la lune étant données d'heure en heure, il faudra calculer la variation horaire qui correspond à la moitié du nombre de minutes.

Enfin, pour terminer ces indications sur la manière de supputer le temps, nous ajouterons que l'on distingue encore le temps moyen civil et le temps moyen astronomique. Ces deux systèmes ne diffèrent que par l'origine du jour : les astronomes le font commencer à midi moyen, et ils comptent les heures de 0 à 24. Pour les usages de la vie civile, il serait fort incommode de changer la date au milieu de la journée, pendant la période de pleine activité. En conséquence, on reporte le commencement du jour à l'instant du minuit moyen astronomique du jour précédent.

Les phénomènes calculés dans la Connaissance des Temps sont rapportés au jour astronomique. Il sera donc indispensable, lorsque l'on voudra déterminer l'ascension droite, ou la déclinaison d'un astre, d'interpréter exactement les indications soir ou matin. En effet, si l'instant du phénomène, exprimé en temps de Paris, tombe dans la matinée du jour civil, il faudra partir de la date précédente et interpoler pour $12^h +$ heure civile. Si, au contraire, le phénomène tombe dans l'après midi, il faudra partir de la position donnée pour la date du jour civil.

Ex. Quelle est la déclinaison du soleil qui correspond à une observation de cet astre, faite à Calcutta, le 4 août

1890, à 3 h. 45 m. 18 s., temps moyen local. Longitude orientale de Calcutta = $5^h 44^m 0$.

Calculons l'heure moyenne de Paris.

Le 4 août	Temps moy. de Calcutta	=	3.45.18
	Long. orientale	=	5.44. 0
Le 3 août	Temps moy. de Paris	=	22. 1.18

L'instant de l'observation tombe évidemment dans la matinée du 4 à Paris, c'est-à-dire le 3 août à $22^h 1^m 18^s$. On prendra dans la Connaissance des Temps :

Le 3 août. Déclinaison du soleil à 0^h = + 17° 12′ 21″,0

Variation horaire — 40,04 diff. — 0.70

Corr. de la var. hor. $= -\dfrac{0,70 \times 23}{2 \times 24}$ — 0,34

Var. horaire calculée — 40,38

Correction de la décl. — 40,38 × 22^h,022 = — 8 53 5

Déclinaison calculée + + 17. 3 25 5

Tous les procédés, que l'on emploie pour déterminer la différence de longitude, reviennent à calculer l'heure moyenne ou sidérale d'un phénomène et à comparer cette heure avec celle que l'on note, au même instant, sur le méridien origine. S'il s'agit d'heures moyennes, il est clair que la différence représente le temps que met le soleil moyen pour passer du méridien du lieu le plus oriental au méridien du second et, comme le soleil fictif emploie 24 heures moyennes pour décrire les 360° d'un mouvement uniforme, cet intervalle exprime la différence de longitude en temps.

Si l'on a comparé des heures sidérales, la différence des heures serait le temps qu'une étoile emploierait pour passer du méridien du lieu le plus oriental au méridien de l'autre lieu. Or, une étoile emploie 24 heures sidérales pour parcourir les 360° d'un mouvement uniforme ; cet intervalle exprime donc la différence de longitude en temps.

Les différents procédés usités peuvent se classer en trois catégories :

1° Ceux où l'heure du méridien origine est fournie par des chronomètres.

2° Ceux où l'heure du méridien origine est déterminée sur place par l'observateur.

3° Ceux où l'heure du méridien origine est transmise par des signaux.

Nous ne décrirons point ici les instruments connus sous le nom de chronomètres, pas plus que les pendules astronomiques. Ce sont des garde-temps construits avec tout le soin désirable : leur étude est exclusivement du domaine de la mécanique appliquée. Nous nous bornerons à remarquer qu'il n'est pas de bonnes observations possibles sans un bon garde-temps. Les chronomètres et les pendules astronomiques, employés pour les opérations de haute précision, présentent souvent une disposition grâce à laquelle les battements du balancier peuvent être enregistrés automatiquement. Nous reviendrons plus loin sur les enregistreurs du temps ou chronographes.

Il est extrêmement rare qu'un chronomètre, même à poste fixe, suive exactement le temps moyen ou le temps sidéral. On dit qu'il *avance*, lorsqu'il indique une heure plus forte que l'heure véritable ; dans le cas contraire, on dit qu'il *retarde*. Il n'est pas nécessaire qu'un tel instrument suive exactement le temps solaire moyen ou le temps sidéral ; il suffit que l'avance ou le retard subissent des variations égales, pendant des temps égaux ; ces variations constituent la marche du chronomètre. Nous considérerons l'avance ou le retard, ainsi que la marche, comme des quantités algébriques et nous écrirons :

Correction = Heure observée — heure du chronomètre.

Lorsque l'on aura deux déterminations pas trop éloignées,

on pourra conclure la marche dans l'intervalle. Exemple : on a trouvé par l'observation :

Corr. du chron. le 1er avril à 3^h0 (TM) $= - 3^m.40^s75$
le 2 avril à 3^h45 (TM) $= - 3\ .44.25$
le 3 avril à 2^h50 (TM) $= - 3\ .47.50$

On conclut, marche du 1 au 2 $= -\dfrac{3^s50}{24^h45} = - 0^s14.1$

marche du 2 au 3 $= -\dfrac{3^s25}{23^h5^m} = - 0^s14.1$

Dans la journée du 1er, la correction sera complètement connue si l'on ajoute à la correction pour 3^h0, (soit -3^m40^s75) la variation de cette correction jusqu'au moment considéré. D'où, la formule pour un instant quelconque t :

$$\text{Corr.} = - 3^h40^m75 - 0^s141\ (t - 3^h0^m).$$

Après avoir posé ces notions fondamentales, nous allons aborder l'étude des différentes méthodes employées pour la détermination de la longitude et de la latitude.

CHAPITRE II

DE LA DÉTERMINATION DE LA LATITUDE

1° *Distances zénithales méridiennes d'étoiles connues.* — C procédé est certainement celui qui permet d'obtenir la plu grande précision, mais il a le désavantage d'exiger un cer cle méridien. Il permet d'atténuer, pour ainsi dire indéfi niment, l'effet des erreurs périodiques de division du cercl gradué vertical.

On commence par préparer un catalogue des étoiles qu l'on veut employer. On a recours pour cela aux éphéméri des publiées par la Connaissance des Temps. Il faut choisi des étoiles qui passeront à moins de 30° de distance zéni thale afin d'éviter sûrement l'inconvénient des réfraction irrégulières qui peuvent se produire lorsque les étoile sont peu élevées au-dessus de l'horizon. Il faut, en outre que les étoiles passent au méridien pendant la nuit, et i est bon qu'elles soient espacées de 3 ou 4 minutes temps strictement nécessaire aux opérations du pointé e aux lectures des microscopes. On déterminera, par un seu pointé sur une étoile connue, une valeur approchée de la la titude puis, maintenant la lunette exactement verticale, o déplacera le cercle divisé jusqu'à ce que la lecture soit pré cisément égale à la latitude approchée. L'origine est alor dans le plan de l'équateur. Pour viser une étoile de décli naison D, au moment où elle traverse le méridien, il faudr diriger la lunette sur le ciel de manière que la lecture marquée par l'index, soit égale à 360° + D (D étant pris avec son signe algébrique) dans la position cercle à l'Est, si le sens de la graduation est direct et sur la division 2 L — B dans l'autre position du limbe gradué.

On formera donc une liste des étoiles à observer, en notant, pour chacune d'elles, l'ascension droite et le calage calculé pour les deux positions du limbe mobile. Ce catalogue n'aura d'autre but que de rendre les pointés plus rapides et d'éviter toute erreur d'étoile.

Nous avons dit tout à l'heure que l'on maintenait la lunette verticale. Dans ce but, la partie centrale du support est percée d'un trou circulaire aussi large que l'objectif. On dispose, au-dessous du trou, une petite cuvette en bois dans laquelle on verse une certaine quantité de mercure. Le niveau du liquide est alors horizontal. Par conséquent, si l'on pointe la lunette sur la surface du mercure, l'image du fil horizontal du réticule ne se superposera à elle-même que quand l'axe optique de la lunette sera exactement perpendiculaire au plan de la surface réfléchissante. On lit alors l'index et les 4 microscopes ou les 2 microscopes, suivant que le cercle méridien est à 4 ou 2 microscopes. Il faudrait ensuite multiplier chaque lecture des microscopes par la valeur angulaire qui correspond sur le limbe vertical à un déplacement d'un tour du fil micrométrique des microscopes dans chaque appareil, puis faire la moyenne des quatre produits obtenus. Dans la pratique, on fait d'abord la somme des lectures des microscopes, et on multiplie cette moyenne par la valeur moyenne du tour des vis des microscopes. Dans le but de faciliter les opérations, les constructeurs rendent ces tours de vis aussi égaux que possible et très voisins de 1′ ou de 2′ ; les parties des tambours de la vis valent donc très près du 1″ ou 2″. De telle sorte que l'on peut déduire aisément de la somme des microscopes une valeur très approchée de l'angle,sans avoir à se préoccuper de la valeur angulaire représentée sur le limbe vertical par un déplacement du fil micrométrique des microscopes correspondant à 1 tour. Afin de déterminer exactement cette quantité, on mesure un arc compris entre deux divisions consécutives du limbe ,soit 5 ou 10 minutes,suivant les instruments,au moyen du fil micrométrique des microscopes ; en comparant la moyenne des lectures à l'arc mesuré, on obtient exactement la valeur du tour de vis moyen. Ainsi par exemple, pour un cercle à 4 microscopes ayant un tour de vis construit pour valoir 2'' on aurait les lectures suivantes, dans le cas d'un arc de 10' :

T P.
4.59.8
4.57.6
4.60.3
4.58.7
19.56.4

La somme effectuée,en tenant compte de cette particularité que les parties du tour sont des parties sexagésimales donne 19^{T} $56^{P}2$. Il aurait fallu multiplier chaque lecture par 2 et diviser par 4 ; on obtiendra immédiatement le même résultat numérique en divisant la somme par 2 ; on trouve ainsi 9^{T} $58^{P}7$. Et si la construction des vis micrométriques eût été parfaite,on eût dû trouver 10^{T} $0^{P}0$ correspondant à l'arc mesuré de 10'. On voit donc que l'erreur commise en prenant la moitié de la somme des microscopes pour l'arc mesuré est de 1',3 ; par suite, l'erreur commise sur une somme,égale à une partie,est 0''13. Cette correction s'appelle *tare des microscopes*. Elle servira à calculer la correction à opérer sur la demi-somme des micros copes pour avoir le complément à ajouter à l'arc marqué par l'index sur le limbe.

Ainsi, dirigeant la lunette sur le bain de mercure, de manière que l'image du fil horizontal se confonde avec ce fil, on fait la lecture des microscopes et celle de l'index et l'on calcule l'arc exact, ainsi qu'il vient d'être dit. Cette lecture correspond au nadir, c'est-à-dire à l'extrémité inférieure de la verticale. Pour avoir la lecture sur le zénith, il suffira d'ajouter 180°.

On répète plusieurs fois consécutivement les opérations du pointé du nadir, de manière à pouvoir tirer des résultats par moyenne, une détermination très exacte.

Puis, au moyen d'un catalogue, dont il a été question, et d'une pendule sidérale, on dirige successivement la lunette sur chacune des étoiles choisies, en calant l'instrument sur la division convenable, au moment du passage. Chaque étoile nécessite la lecture des microscopes et la correction de tare.

En général, on observe facilement, dans une soirée d'observation de 3 heures à 3 heures et demie de durée, une trentaine d'étoiles. On partage ces 30 étoiles en groupes de 7 ou 8 et l'on intercale, entre chaque groupe, une détermination du Nadir. Enfin, on détermine la tare, avant et après les opérations, et l'on adopte la moyenne des deux déterminations.

L'observateur dispose, en outre, d'un baromètre, d'un thermomètre intérieur et d'un thermomètre extérieur. Il lit la pression et les températures, avant et après les observations, et pendant l'intervalle des séries. Les lectures du baromètre sont ensuite ramenées, au moyen d'une table de correction, aux valeurs qu'elles auraient prises si le mercure, au lieu d'être à la température intérieure, avait été à la température extérieure.

Après avoir formé le tableau des lectures sur le zénith et sur chacune des étoiles, corrigées de la tare des microscopes, on retranche des lectures faites sur les étoiles de chaque groupe la moyenne des lectures sur le zénith, que comprend chaque groupe; on obtient ainsi les distances zénithales de ces étoiles. Il reste à les corriger de la réfraction. On se sert, pour cela, des tables numériques I et II de la Connaissance des Temps, dans lesquelles on entre avec la température extérieure et la pression corrigée; puis, on multiplie les réfractions moyennes de la table I, calculées pour chaque distance zénithale observée par la moyenne des facteurs thermométriques et barométriques qui comprennent le groupe.

La réfraction doit, dans tous les cas, être ajoutée à la distance zénithale observée; sans souci du signe, on obtient ainsi les distances zénithales vraies. On inscrit en regard les déclinaisons correspondantes, prises dans la Connaissance des Temps, pour la date de l'observation. Enfin, on déduit les latitudes par la formule $L = Z + D$ en ajoutant algébriquement les quantités Z et D avec leurs signes. Il reste à faire la moyenne des latitudes trouvées pour avoir la valeur qui correspond à la soirée.

Le jour suivant, on retourne l'instrument, en le soulevant de dessus les coussinets, de manière que le cercle gradué vienne prendre une position opposée par rapport à l'observateur, et l'on répète exactement les opérations.

On obtient pour la soirée une valeur moyenne de la latitude.

En groupant deux déterminations de la latitude effectuées dans des soirées différentes, cercle à droite et cercle à gauche, on obtiendra une valeur qui est affranchie de la flexion de l'axe.

Afin d'obtenir une plus grande précision de la latitude

par la répétition des observations, on déplace le limbe gradué de manière à amener une autre division sous le zénith, distante de 30° de la première, par exemple, et l'on effectue encore une double détermination, cercle à droite et cercle à gauche, dont on déduira une nouvelle valeur provisoire de la latitude.

On pourra déplacer, de nouveau, l'origine et répéter les opérations. En général, 4 origines correspondant à 8 séries, ainsi qu'il a été dit, suffisent avec un cercle à 4 microscopes et une trentaine d'étoiles (toujours les mêmes) régulièrement observées pour obtenir la latitude à une demi seconde près.

On conçoit que la latitude des déclinaisons employée joue un rôle considérable ; aussi, l'Association Géodésique Internationale recommande-t-elle l'emploi d'un catalogue fondé sur des observations très nombreuses et très exactes provenant de l'Observatoire de Pulkowa.

Telle est la méthode la plus précise pour déterminer la latitude ; nous avons cru devoir l'exposer avec quelques détails, en raison de son importance. Nous allons exposer brièvement, maintenant, les principaux procédés employés par les marins ou les explorateurs.

2° *Méthode des hauteurs circumméridiennes du soleil.* — Tous les astres, dans le voisinage du méridien, varient lentement en distance zénithale, et la distance zénithale méridienne peut assez aisément être déduite des distances zénithales méridiennes pourvu que l'on ait noté les instants du passage à l'aide d'un chronomètre dont on connaît la correction. Cette méthode permet, dans une même journée, de réaliser, à l'aide du soleil, une série de déterminations de la latitude indépendantes les unes des autres, si la correction du chronomètre est connue assez exactement.

Soit donc Z une distance zénithale voisine du méridien, H l'heure moyenne correspondante à la correction du chronomètre, calculée ainsi qu'il a été dit plus haut, Z_m la distance zénithale maxima et, par conséquent, méridienne, et H_m l'heure correspondante, t la température, P la pression : on calculera d'abord la réfraction ρ et ρ_m qui correspond à Z et Z_m ; on ajoutera ou l'on retranchera le demi-diamètre du soleil, selon que l'on observe le bord supérieur ou inférieur de l'astre, puis l'on retranchera la parallaxe du soleil, donnée par la table III de la Connaissance des Temps. On obtiendra ainsi Z' et Z'_m, les distances zénithales vraies.

On formera ensuite algébriquement $H + a$ et $H_m + a$; on obtiendra ainsi les heures moyennes locales des deux observations ; puis, au moyen de la longitude, on tirera les heures moyennes correspondantes de Paris. Avec ces heures moyennes, on calculera les déclinaisons D et D_m du soleil pour les instants correspondants, ainsi qu'il a été montré plus haut. On formera algébriquement la somme $Z'_m + D_m$ qui donnera une valeur approchée L de la latitude.

Il faut encore déterminer l'angle horaire, correspondant à la première observation, dont nous allons avoir besoin dans la formule de réduction méridienne.

Pour cela, nous prendrons dans la Connaissance des Temps l'équation du temps qui correspond à l'instant de l'observation et nous tirerons l'heure vraie par la formule

Heure vraie = Heure moy. — équation du temps.

Si l'observation est anté-méridienne, nous obtiendrons une heure plus petite que 12 h et l'angle horaire $\mathcal{H}$ sera le complément à 12 heures. Si l'observation est post-méridienne on aurait :

$$\mathcal{H} = \text{Heure vraie}.$$

On calculera ensuite, à l'aide d'une table de logarithmes, à 4 ou 5 décimales au plus, la formule :

$$x = \frac{\cos L \cos D}{\sin Z'_m} \cdot \frac{2 \sin^2 \frac{1}{2} \mathrm{AH}}{\sin 1''}$$

La quantité x est la correction qu'il faut *ajouter* à la distance zénithale Z'_m pour la ramener au méridien. On réduira de même tous les pointés. La correction sur le méridien sera nulle puisque l'on aura $\mathrm{AH}m = o$. En ajoutant ensuite à chaque distance zénithale observée, après correction de réfraction du demi-diamètre et de la parallaxe, les corrections x, x'. x'' correspondantes, on aura une série de nombres qui ajoutés algébriquement à la *déclinaison méridienne* du soleil, donneront autant de valeurs distinctes de la latitude.

Si l'on s'apercevait que l'on eût appliqué au calcul de x une valeur de Z'_m sensiblement erronée, on rectifierait le calcul. On aura soin, d'ailleurs, de vérifier que la déclinaison méridienne du soleil employée est identique à celle que l'on obtiendrait en interpolant la déclinaison, à midi vrai de Paris, pour la longitude du lieu de l'observation.

Si l'observateur est placé sur un navire, il opérera nécessairement avec un sextant. Cet appareil est inférieur au théodolite, mais il est manié par les marins avec une habileté surprenante. Ils s'en servent également à terre avec succès, pendant des voyages d'exploration. Sur mer, ils mesurent des hauteurs, c'est-à-dire l'angle que fait l'horizon de la mer avec le bord du disque du soleil, en ayant soin de mesurer cet angle dans un plan vertical. Lorsque l'on observe à terre, on remplace l'horizon de la mer par un bain de mercure et l'on observe l'angle que fait un des bords du soleil avec son image observée sur la surface réfléchissante. La figure 10 montre le trajet des rayons lumineux.

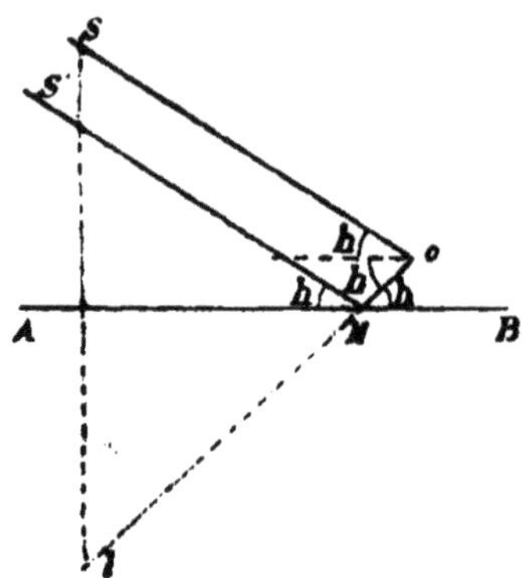

Fig. 10.

A cause du grand éloignement du soleil, le rayon S'M et le rayon OS, qui joignent les points O et M au bord du soleil, sont rigoureusement parallèles. La hauteur est l'angle S'MA. Or OMB = AMI et comme AMI est égal à AMS' très sensiblement, on conclut que tous les angles, marqués de la lettre *h* sur la figure, sont égaux. L'angle que l'on mesurera est donc le double de la hauteur cherchée.

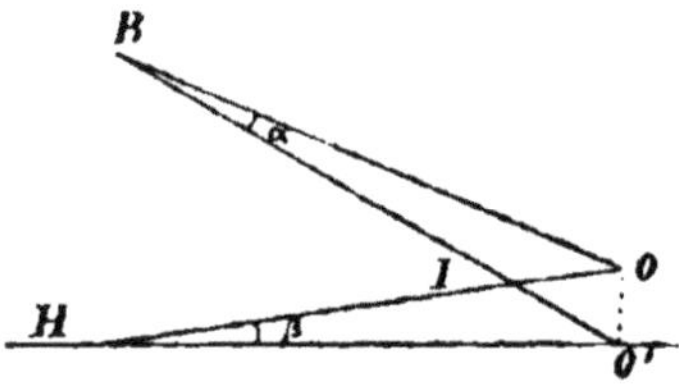

Fig. 11.

Il faudra, dans les observations de terre et de mer, faites à l'aide du sextant, corriger la hauteur observée de l'erreur du zéro de la graduation. Dans les observations de mer, il sera, de plus, nécessaire de tenir compte de ce que l'œil de l'observateur n'est point dans le plan de l'horizon. En effet le pont des navires étant élevé de 5 à 6 mètres, l'angle observé est l'angle HOB′ (fig. ci-dessus) et non point HO′B. Appelons α et β les angles en H et en B. Les angles en I étant égaux, on aura l'égalité :

$$HO'B + \alpha = HOB + \beta$$

d'où l'on tire :

$$HOB = HO'B + \alpha - \beta$$

c'est-à-dire :

$$x = h - \beta$$

car α est nul à cause de l'éloignement de l'astre, même s'il s'agit de la lune.

Le petit angle β s'appelle dépression de l'horizon. C'est donc une quantité constante pour un même navire, qui, d'ailleurs, est très faible et ne dépend que de la hauteur du pont du navire au dessus des flots ; elle provoque une correction toujours négative.

Lorsque l'observation se fait au moyen d'un théodolite, on vise avec la lunette un objet éloigné quelconque, sommet de montagne, d'arbre, etc., successivement dans chacune des deux positions de la lunette, en ayant soin, chaque fois, de lire les deux extrémités de la bulle du niveau du cercle vertical.

A cet effet, après avoir pointé l'objet, de manière à placer son image sur celle de la croisée des fils du réticule, on lit l'index et les verniers, si le théodolite est pourvu de verniers, ou les microscopes, s'il est muni de microscopes. Dans ce dernier cas, nous rappellerons qu'on amène le fil mobile de chaque microscope sur la division. visible dans le champ, qui correspond à la lecture la plus faible. On lit ensuite le nombre de tours et de parties de tours, en comptant le nombre de dents et celui des parties du tambour.

Que le théodolite soit muni de verniers ou de microscopes. on obtiendra ainsi, selon le cas, la partie complémentaire de la lecture. On lit ensuite les deux extrémités de la bulle du niveau du cercle vertical. Puis, on fait tourner le cercle vertical d'un angle de 180° autour de l'axe instrumental ; il faudra alors, pour pouvoir de nouveau pointer l'objet éloigné, faire basculer la lunette, de manière à amener l'objectif à la place de l'oculaire. On répètera ensuite la même série de mesures.

Dans ce mouvement de retournement, le cercle vertical tourne autour de l'axe de l'instrument ; par conséquent, si l'inclinaison de cet axe ne subit point de changement, pendant le retournement. le zéro de la division se placera symétriquement par rapport à l'axe et la division, qui correspondrait à l'axe. ne change pas.

Mais, le sens de la graduation paraîtra changé pour l'observateur regardant de face le limbe gradué dans chacune des deux positions. La ligne de visée sur l'objet conservera une direction invariable dans l'espace, puisque la droite $x\,y$ reste également invariable. Donc, en appelant Ld et Lg les lectures, cercle à droite et cercle à gauche, $\zeta\,\zeta$ la lecture sur l'axe à la distance zénithale apparente de l'objet ; si, dans la position cercle à gauche, le sens de la graduation paraît direct (c'est l'inverse de celui des aiguilles d'une montre).

On a : Cercle à gauche : $Lg = \zeta - \delta$

Cercle à droite : $Ld = \zeta + \delta$

On conclut, par sommation

$$\zeta = \frac{Lg + Ld}{2}$$

Ainsi donc, si l'instrument a été réglé de manière que l'axe instrumental soit vertical, et si cette horizontalité se conserve pendant le retournement, circonstance qui s'accusera par l'immobilité de la bulle du niveau, on aura immédiatement la lecture sur le zénith en faisant la demi-somme des lectures faites sur un objet éloigné. Enfin, on déduira la distance zénithale de cet objet en posant

$$\delta = Ld - \zeta$$

ou, si l'on veut :

$$\delta = \zeta - Lg$$

Supposons, au contraire, que l'axe ait été imparfaitement rendu vertical : la bulle viendra, après retournement, occuper, dans le tube, des positions identiques par rapport à la verticale: mais, comme le tube est retourné bout pour bout, les lectures sont différentes. Soient l_1 et l_2 les lectures des extrémités de la bulle, dans la position cercle à droite, l'_1 et l'_2 les mêmes lectures dans la position cercle à gauche ; posons :

$$lg = \frac{l_1 + l_2}{2}$$

$$ld = \frac{l'_1 + l'_2}{2}$$

Supposons que, dans la position cercle à l'ouest, le sens des divisions aille de droite à gauche, pour un observateur regardant le limbe ; le sens sera inverse dans l'autre position. Soit α, l'inclinaison, γ, la lecture qui correspond à la parallèle à l'axe instrumental, menée par le centre de la surface de courbure, nous aurons, dans le cas des figures ci-dessous :

Le plan de l'horizon étant AH, cercle à droite, et celui de l'axe de niveau AB, le milieu de la bulle se place sur la normale en en M ; la parallèle à l'axe de l'instrument, menée par O, sera la perpendiculaire à AB passant par le centre

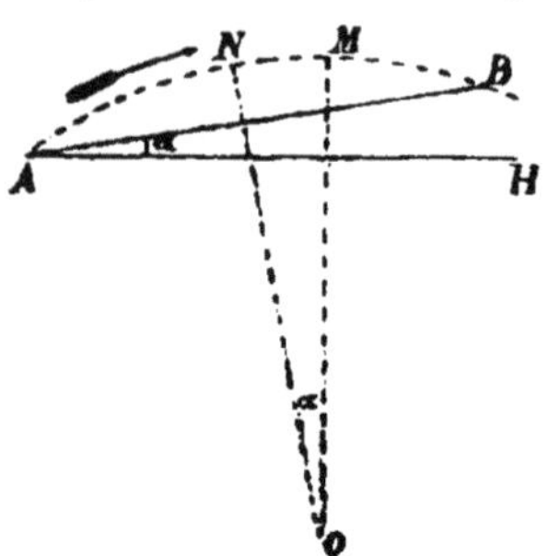

Fig. 12.

L'inclinaison α est l'angle BAH ; elle est égale à l'angle MON ; par suite, elle est mesurée par l'arc MN. Donc, on a :

Cercle à gauche $\alpha = lg - \gamma$

Cercle à droite $\alpha = \gamma\ ld$

On tire $\gamma =$

$$\frac{lg + ld}{2}$$

Et en transportant γ dans l'une des équations :

$$\alpha = lg - \frac{lg + ld}{2} = \frac{lg - ld}{2}$$

Donc, lorsque lg est plus grand que ld, et, dans le cas

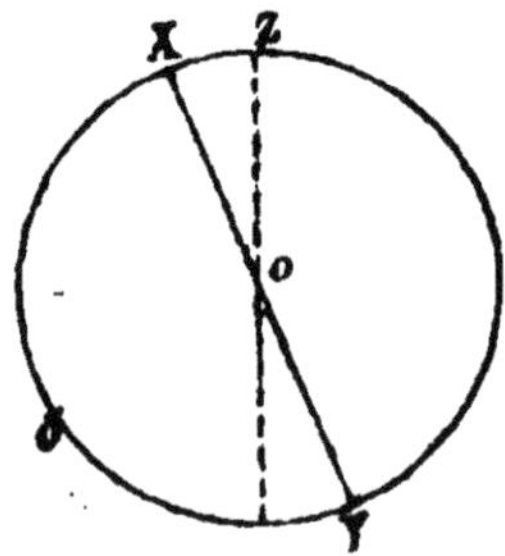

Fig. 13.

d'un niveau gradué d'un bout à l'autre de gauche à droite,

l'axe instrumental incline sur l'horizon, entre le zénith et le zéro, du côté opposé à l'observateur, dans la position cercle à gauche.

La lecture calculée ζ sur le zénith qui,en réalité,correspond à X doit donc être augmentée de l'inclinaison.

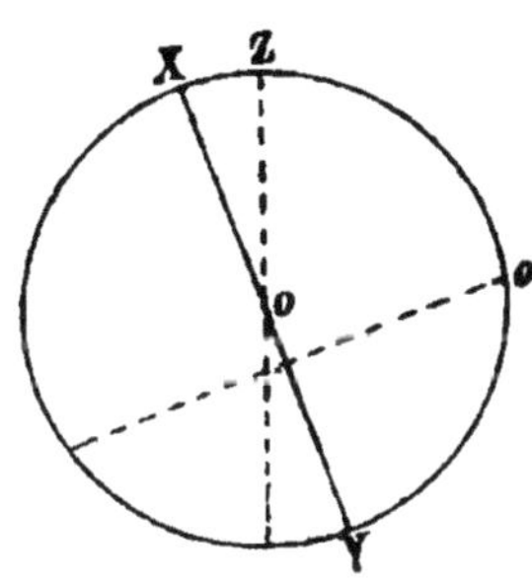

Fig. 14.

Donc :

$$z = \zeta + \alpha = \zeta + \frac{lg - ld}{2} ;$$

Il est bien entendu que la différence $lg - ld$ doit être formée avec son signe algébrique et ajoutée algébriquement.

Par suite, les distances zénithales deviennent :

Cercle à gauche $\delta = \zeta + \dfrac{lg - ld}{2} - Lg$

ou bien :

Cercle à droite $\delta = Ld - \zeta - \dfrac{lg - ld}{2}$;

il est bien évident qu'il suffit de calculer l'une des deux expressions, puisque chacune d'elles conduit au même résultat.

Après avoir pointé plusieurs fois un astre dans la position cercle à gauche,par exemple, et ajouté, à chaque lecture, la moyenne des lectures des verniers, on obtiendra les distances zénithales correspondantes en retranchant les lectures λ de la lecture sur le point zénith ; on aura :

$$z = \left(\zeta + \frac{G - ld}{2}\right) - \lambda$$

Puis on retournera l'instrument et l'on fera un nombre égal de lectures, que l'on traitera de même, et on en déduira les distances zénithales en faisant la soustraction dans l'ordre contraire. On aura

$$z = \lambda - \left(\zeta + \frac{G - ld}{2}\right)$$

Ceci suppose que la bulle a conservé la même position entre ses repères, pendant toute la première série d'opérations et. qu'après retournement, elle a repris la position qui a servi au calcul de l'inclinaison. En général, cette condition est à peu près satisfaite ; mais, s'il n'en était point ainsi. on pourrait tenir compte de la variation du niveau, dans le détail des corrections à opérer, dans ce cas. Pour ne pas allonger cet exposé, nous n'entrerons pas dans le détail des corrections à opérer. dans ce cas.

On remarquera que l'inclinaison a été calculée en parties du niveau ; il est bien évident que cette inclinaison, avant d'être appliquée aux lectures, doit être convertie en arc. Pour cela, les constructeurs donnent la valeur a de la partie du niveau en arc, c'est-à-dire la valeur de l'angle qui correspond à une partie. Il suffira donc de multiplier la différence $\frac{lg - ld}{2}$ par a pour avoir l'inclinaison en arc.

Si l'on pratique des observations de nuit, on disposera, à une certaine distance, une lanterne allumée et on pointera la lumière, comme l'on a fait pour l'objet fixe éloigné.

On peut, à la rigueur, se dispenser de pointer un objet

éloigné ou un falot, si la chose présente de grandes difficultés. Mais alors, il faudra retourner l'instrument après chaque pointé. En effet, les deux équations ;

$$\begin{aligned} Lg &= \zeta - \delta \\ Ld &= \zeta + \delta \end{aligned}$$

donnent par différence :

$$\frac{Lg - Ld}{2} = \delta.$$

Mais alors, la distance zénithale δ correspond à la moyenne des temps. Mais le δ, ainsi obtenu, sera trop petit de l'inclinaison ; on aura donc :

$$z = \delta + \frac{lg - ld}{2} = \frac{Lg - Ld}{2} + \frac{lg - ld}{2}.$$

l'inclinaison devant être appliquée avec son signe.

On groupera ensuite le 2e pointé avec le 3e, puis le 3e avec le 4e, etc., et l'on calculera la série comme précédemment, s'il s'agit de hauteurs circumméridiennes du soleil.

Nous ne saurions trop faire remarquer que le signe des corrections, que nous venons de calculer, dépend du sens de la graduation du cercle et de celui du niveau.

La méthode des hauteurs circumméridiennes s'applique également à une étoile quelconque, observée dans le voisinage du méridien, pourvu que l'on soit assuré de l'identification de l'étoile. On choisira, dans la pratique, une étoile brillante, facile à reconnaître, bien que les étoiles les plus brillantes offrent de moins bons pointés que les plus faibles, à cause de la scintillation. Il n'y aura rien à changer dans le développement qui précède, si ce n'est au calcul de l'angle horaire, qui deviendra égal à l'ascension droite de l'étoile moins l'heure sidérale, puisque ces deux derniers angles sont des arcs d'équateur, comptés à partir de la même origine.

Si l'heure de l'observation a été notée à l'aide d'un chronomètre réglé sur le temps moyen, après avoir corrigé cette heure de la correction du chronomètre, on calculera l'heure sidérale correspondante pour le lieu de l'observation, en suivant la règle donnée plus haut ; en retranchant l'ascension droite, on aura l'angle horaire. Si l'heure sidérale est plus forte, l'angle est post-méridien ; si, au contraire, l'ascension droite est la plus forte, l'observation est anté-méridienne. Le plus petit nombre devra être retranché de la différence, sans souci du signe. On remarquera que la Connaissance des Temps donne immédiatement la déclinaison méridienne ; car, la déclinaison varie fort peu dans l'intervalle d'une journée ; de là, une petite simplification. Il n'y aura pas lieu, non plus, de tenir compte du demi-diamètre ni de la parallaxe.

3° *Observation de la polaire à un instant quelconque.* — Cette méthode est d'un emploi très avantageux. On sait qu'on nomme polaire l'étoile α de la petite Ourse, qui n'est distante du pôle Nord que de 1° environ. Cette étoile est de 2e grandeur : on la reconnaît donc assez aisément, surtout par ce fait quelle occupe toute la nuit le même point du ciel. Elle passe deux fois au méridien, dans la même journée, comme toutes les étoiles : le passage, qui a lieu entre le pôle et l'horizon, du côté du zénith, est le passage supérieur ; l'autre passage est le passage inférieur. Au moment du passage supérieur, la polaire est animée d'un mouvement très lent, à peine perceptible dans la lunette, et de même sens que le mouvement général des étoiles ; mais, au moment du passage inférieur, elle est animée d'une vitesse de sens contraire.

L'observation des distances zénithales se fera, comme il a été dit, mais le calcul de la latitude devra s'opérer à l'aide de la formule ci-dessous où p représente la distance polaire de l'étoile, qui se prend dans la Connaissance des Temps, pour la date de l'observation :

$$l = 90 - Z - p \cos \mathcal{A}H + \frac{1}{2} p^2 \sin 1'' \operatorname{tg} l \sin^2 \mathcal{A}H$$
$$+ \frac{1}{6} p^3 \sin^2 1'' (1 + 3 \operatorname{tg}^2 l) \sin^2 \mathcal{A}H \cos \mathcal{A}H.$$

La distance polaire doit être convertie en secondes. Le terme $p \cos \mathcal{A}H$ est le plus considérable de la formule. Le calcul, d'ailleurs, est plus aisé que la formule ne semble l'indiquer, car il suffit d'employer des logarithmes à 4 décimales. On trouve aussi, dans quelques ouvrages, des tables numériques tout établies qui facilitent singulièrement le calcul.

Dans ce but, la Connaissance des Temps publie, chaque année, des tables appropriées aux positions des astres, grâce auxquelles le calcul se réduit à quatre additions ou soustractions, servant à déterminer des arguments au moyen desquels on prend directement dans les tables quatre corrections qui, ajoutées algébriquement à la hauteur corrigée de la réfraction, donneront la latitude avec une très grande exactitude.

Les tables de la Connaissance des Temps supposent que l'heure de l'observation a été notée en temps vrai, car la formule qu'elles supposent est une transformation de la formule précédente.

Si l'heure a été notée en temps moyen, il faudra donc la convertir en temps vrai, avant de procéder aux calculs, après l'avoir préalablement corrigée de la correction du chronomètre. Pour cela, on opérera comme dans l'exemple ci-dessous.

Soit à trouver le temps vrai d'une observation, faite le 18 avril 1890, dans un lieu : Le Caire, par exemple, dont la longitude est 1 h. 55 m. 40 s., à 9 h. 15 m. 36s,5 de temps moyen local. On suppose que, réellement, l'heure observée a été corrigée de la correction du chronomètre et a donné ainsi 9 h. 15 36. 5).

Temps moy. local de l'observation.	9 h. 15 m. 36,5
Longitude (Est).	— 1 55 40
Temps moy. de Paris.	7 h. 19 m. 56,5

Le 18 avril, la Connaissance des Temps donne :

Temps vrai à midi moy. de Paris = 0 h.00 m.42 s.,88

Variation du 17 au 18 = + 13,36 ; Correction $= + \frac{13,36}{24} \times 7.19,56$ ou

$0^s,55666 \times 7,332$. = + 4,08

Temps vrai — temps moyen.	=	0 h. 00 m. 46,96
Temps moyen local	=	9 h. 15 m. 36, 5
Différence en temps vrai—temps moy.	=	0 00 47, 0
Heure vraie.		9 h. 16 m. 28, 5

Supposons qu'on ait trouvé pour la distance zénithale de la polaire $z = 61°1' 28''$ avec la pression barométrique 764 à la température 18°. On fera d'abord la correction de réfraction :

Facteur barométrique	1,005	Produit = 0,976.
— thermométrique	0,971	
Réfraction moyenne		= 32,5
Réfraction calculée		= 32,5 × 0,976 = 31,7
Distance zénithale observée		= 61 1 28
Réfraction		= 32
Distance zénithale vraie		= 61 2 0
Hauteur vraie		= 28 58 0

On formera le temps vrai de Paris :

Temps vrai local	9 h. 16 m. 23 s.
Long. Est	1 55 40
Temps vrai de Paris	7 h. 20 m. 43 s.

La table I donne le 18 avril :

Table I le 18 avril	= 0 h. 27 m. 58 s.
Temps vrai *local*	= 9 16 23
Table II argument 7 h. 20 m 43 s. (temps vrai de Paris).	= 1 9
Somme S	= 9 h. 45 m. 30 s.

La table III donne pour l'argument S :

$$\text{à } 9 \text{ h. } 44 \quad = + 63',28''$$

$$\text{diff. } + \frac{22''}{2} \times 1 \text{ m. } 30 \quad = \quad 16$$

$$1^{re} \text{ correction } C_1 \quad = + 63',44''$$

Pour les angles compris entre 6 et 12 h. le cosinus est négatif (donc — cos est +). La même table donne — cos S = + 0,84.

La table IV donne, pour le 18 avril, + 14'' ; on en tire la 2e correction $C_2 = + 14 \times (+ 0,84) = + 12''$.

Enfin la table V donne, par une double interpolation dans les deux sens, pour l'argument $h = 28,58$ ou 29°0 et S = 9 h. 45, la 3e correction toujours additive $C_3 = + 9''$.

En réunissant ces trois corrections et la hauteur vraie on trouve :

Hauteur vraie	=	28°58' 00''
C^1	= +	1. 3. 44
C^2	= +	12
C^3	= +	9
Latitude du Caire	=	30. 2. 5

Nous avons donné cet exemple parce que la Connaissance des Temps est l'instrument nécessaire de tous les calculs de ce genre et que les tables qu'elle renferme pour l'application de cette méthode dispensent de tout calcul trigonométrique et, enfin, parce qu'elle fournit ainsi des ressources qui pourront être avantageusement utilisées par les observateurs les moins accoutumés aux calculs astronomiques.

CHAPITRE IV

De la détermination des longitudes

Méthode chronométrique. — Dans cette méthode, l'heure du méridien origine est donnée par un chronomètre préalablement réglé avec tout le soin possible sur le temps moyen du méridien origine — ou le temps sidéral. Puis, par l'observation directe, on détermine à un instant donné, l'heure moyenne ou l heure sidérale. La différence entre l'heure locale et l'heure de Paris, notée sur le chronomètre, donne la longitude. Cette méthode, dans la pratique, peut être mise en œuvre de manière assez différente, suivant le procédé que l'on emploiera pour obtenir l'heure.

1° *Détermination de l'heure au moyen des distances zénithales du soleil.* — Soit S le soleil, Z le zénith et P le pôle ; l'angle dièdre ZPOS n'est autre chose que l'angle horaire du soleil vrai, c'est-à-dire, s'il est exprimé en temps, l'heure *vraie* ou le *complément à 24 heures de l'heuer vraie*, selon que le soleil sera à l'ouest ou à l'est du méridien. On aura, pour calculer cet angle, le triangle sphérique PZS, dans lequel on connaît : 1° le côté PZ égal à la colatitude λ, le côté ZS = Z, distance zénithale du centre du soleil et PS la distance polaire du soleil au moment de l'observation.

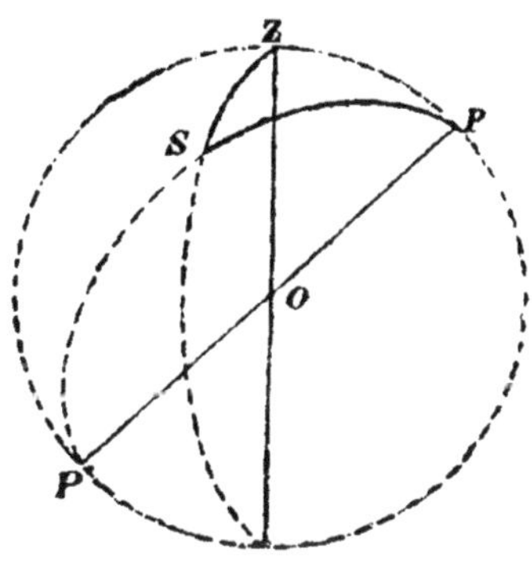

Fig. 15.

Supposons que l'on ait observé la distance zénithale du soleil à l'aide d'un théodolite ou d'un sextant, et soit Z' la distance zénithale conclue pour l'un des bords du soleil. On commencera par calculer la réfraction et la parallaxe, ainsi qu'il a déjà été fait ; on formera ainsi $Z' + \rho - p$ distance zénithale vraie du bord ; puis, on ajoutera ou on retranchera le demi-diamètre $\frac{\Delta}{2}$ du soleil, pris dans la Connaissance des Temps pour la date de l'observation, suivant que l'on aura observé le bord supérieur ou le bord inférieur de cet astre, et, enfin, on en conclura la distance zénithale vraie du centre du soleil

$$Z = Z' + \rho - p \pm \frac{1}{2} \Delta$$

Soit t, l'heure notée sur le temps moyen de Paris. On commencera par corriger cette heure t' de l'effet de la marche journalière du chronomètre, marche qui a été soigneusement étudiée avant le départ ; soit donc t l'heure de Paris, ainsi déterminée.

On prendra, dans la Connaissance des Temps, la déclinaison du soleil à midi moyen de Paris pour la date de l'observation. En interpolant, suivant la méthode déjà indiquée, la déclinaison du soleil pour l'heure, on aura la déclinaison du soleil, dont on tirera la distance polaire par la formule :

$$\delta = 90 - D$$

où D doit entrer avec son signe algébrique. Enfin, la colatitude se déduit de la latitude par une relation analogue,

$$\lambda = 90 - L$$

dans laquelle L doit encore être pris avec son signe algébrique, positif pour les localités de l'hémisphère nord, négatif pour l'hémisphère sud.

S'il s'agissait d'observations faites dans l'hémisphère sud, on pourrait tout rapporter au pôle sud, c'est-à-dire considérer le triangle sphérique P'ZS. Mais, cela est inutile et il vaut mieux s'en tenir au triangle PZS, afin de ne pas avoir à changer les conventions faites sur la manière de compter les latitudes et les déclinaisons.

On connaît donc les trois côtés du triangle sphérique PZS. La formule fondamentale donne

$$\cos Z = \cos \lambda \cos \delta + \sin \lambda \sin \delta \cos \mathrm{H}$$

On tirerait cos H par un calcul assez pénible. Aussi, transforme-t-on cette formule de manière à pouvoir utiliser les tables de logarithmes. Bien que la transformation soit fort simple, nous nous bornerons à enregistrer le résultat auquel on arrive. On forme la demi-somme S des quantités Z + D + L (D et L étant pris avec leur signe algébrique). Puis, on forme les différences S — L et S — D, en observant toujours la règle des signes algébriques.

On appliquera ensuite la formule :

$$\sin^2 \frac{1}{2} AH = \frac{\sin (S-L) \sin (S-D)}{\cos L \cos D}$$

Cette formule est calculable par logarithmes : on en tire aisément l'arc $\frac{1}{2}$ — AH et, par suite, l'angle horaire, AH.

Pour avoir l'heure vraie, on aura égard à la position du soleil par rapport au méridien. Soit H l'heure vraie déduite ; la longitude sera :

$$L = H_\odot - t \text{ si le lieu est à l'est}$$

ou :

$$L = t - H_\odot \text{ si le lieu est à l'ouest}$$

Si le chronomètre avait été réglé sur le temps sidéral de Paris, on aurait d'abord converti cette heure sidérale en temps moyen ; puis, on aurait opéré comme ci-dessus.

Cette méthode exige donc que l'on connaisse avec quelque exactitude. Comme on saura toujours à 1 demi-degré près la latitude du lieu où l'on se trouve, on calculera une valeur approchée de la correction du chronomètre, dont on se servira ensuite pour calculer la latitude au moyen des observations faites spécialement dans ce but. Puis, à l'aide de cette valeur approchée de la latitude, on déterminera de nouveau l'heure et, s'il est nécessaire, on fera une troisième approximation.

Mais, il arrive le plus souvent, dans les explorations, que l'on dispose tout simplement d'un chronomètre dont on détermine la formule de correction en un lieu connu, au début de l'expédition. Puis, au cours du voyage, on mesure des distances zénithales dans les lieux les plus importants. Au moyen de ces distances zénithales, on calcule l'heure locale ; puis, à l'aide de la formule de correction, on calcule l'heure du lieu de départ, qui correspond à l'instant de la date de l'observation.

La différence des deux heures donne la longitude par rapport au point de départ. En contrôlant la marche du chronomètre aussi souvent que possible, c'est-à-dire, chaque fois que l'on séjournera deux ou plusieurs jours au même endroit, on pourra déduire ainsi un ensemble de positions relatives assez exactes. Il suffira, pour les reporter sur la carte, que l'on connaisse avec certitude la position géographique du point de départ de l'exploration.

2° *Détermination de l'heure par les distances zénithales d'une étoile.* — On choisit toujours une étoile de première grandeur de manière à être assuré de l'identification de l'astre. L'observation se fait, comme il a été dit déjà.

On note l'heure du chronomètre. Il suffira, cette fois, de corriger la distance zénithale observée de la réfraction, pour obtenir la distance zénithale vraie z. On prendra, dans la Connaissance des Temps, la déclinaison et l'ascension droite de l'étoile, pour la date considérée. Puis, au moyen des quantités z, D et L on calculera l'angle horaire $\mathcal{H}$ au moyen de la formule qui a été donnée ci-dessus. Selon que l'étoile sera à l'est ou à l'ouest du méridien, l'angle horaire devra être retranché ou ajouté à l'ascension droite pour avoir l'heure sidérale, puisque l'heure sidérale ne deviendra égale à l'ascension droite qu'au moment du passage de l'astre au méridien. Donc :

$$Hs = 24 \text{ h.} \pm \mathcal{H}.$$

Ensuite, on convertira l'heure sidérale en heure moyenne, au moyen de la longitude approchée, suivant le procédé qui a été déjà exposé. La comparaison de l'heure observée et de l'heure calculée donnera la correction du chronomètre.

Il est bien entendu que chaque fois que l'on observera des distances zénithales du soleil ou d'une étoile, on en observera une série, c'est-à-dire une douzaine, dont moitié cercle à droite et moitié cercle à gauche, si l'on observe à l'aide d'un théodolite. On s'assurera ensuite, par la comparaison des temps et des lectures, qu'il n'y a point eu d'erreur grossière de lecture du chronomètre ou du limbe, puis on effectuera le calcul de l'angle horaire. Si l'instrument ne donne que les vingtièmes de secondes, il suffira amplement de grouper les observations deux par deux et de traiter chaque groupe comme une observation isolée : mais, si l'instrument donne les dixièmes de secondes, il sera bon de réduire séparément chaque pointé afin de pouvoir rejeter de la moyenne ceux qui s'écarteraient de plus de 0^s7, de la moyenne générale.

Il conviendra, d'une manière générale, de n'observer que des étoiles qui se trouveront à plus de 30° au-dessus de l'horizon lorsque l'angle horaire sera de 2 à 3 heures. — Le calcul trigonométrique devra être fait avec des tables à 6 décimales ; il est superflu d'employer 7 décimales, mais insuffisant d'en prendre 5.

3° *Détermination de l'heure par les hauteurs égales d'un astre.* — En raison du mouvement diurne, les hauteurs d'un astre sont égales, lorsque les angles horaires de cet astre, de part et d'autre du méridien, sont égaux. Si donc, on a noté les instants t et t', pour lesquels les hauteurs d'une même étoile sont égales, la demi somme $\frac{t+t'}{2}$ des heures notées fournira l'heure de l'instant du passage de l'astre au méridien. Or, au moment de la culmination méridienne, l'heure sidérale est précisément égale à l'ascension droite. Donc, si le chronomètre est réglé sur le temps sidéral, on aura immédiatement la correction, en faisant la différence :

$$\mathcal{R} - \frac{t+t'}{2}$$

Mais, comme dans le cas le plus usuel, le chronomètre est réglé sur le temps moyen, on convertira l'ascension droite en heure moyenne, suivant la règle indiquée et l'on fera ensuite la comparaison

Afin de rendre l'observation plus précise, on fait, avant et après le passage au méridien, une demi-douzaine de pointés sur des calages correspondant à des distances zénithales égales. On formera ensuite la moyenne générale des douze pointés et l'on comparera l'ascension droite, convertie en temps moyen, à cette moyenne. Enfin, il importera de faire les pointés à 1 heure au moins du méridien, afin que le mouvement en distance zénithale soit assez rapide : car, sans cela, une légère erreur sur la distance zénithale correspondrait à une erreur trop forte sur le temps.

On voit qu'en apparence cette méthode est extrêmement simple, puisqu'elle n'exige même pas de correction de réfraction. Mais, en réalité, elle n'est applicable que si l'on dispose d'un théodolite. Dans ce cas, il faudra s'assurer que la lecture sur le zénith n'a pas varié dans l'intervalle des deux groupes d'observations, afin que les pointés effectués dans les positions symétriques de la lunette correspondent bien à des hauteurs égales. S'il en était autrement, les observations ne seraient pas perdues, mais elles nécessiteraient des corrections dans le détail desquelles nous ne pouvons entrer.

Cette méthode peut également s'employer avec le soleil, mais beaucoup moins commodément, à cause de la variation de la déclinaison du soleil dans l'intervalle des observations. Il y a lieu, dans ce cas, d'appliquer à la moyenne des temps correspondant à deux groupes d'observations symétriques la correction :

$$x = \frac{t'-t}{2}\,\frac{\nu}{360}\left(\cos\frac{t'-t}{2}\,tg\,D - \frac{tg\,L}{\sin\frac{t'-t}{2}}\right)$$

dans laquelle ν représente la variation de la déclinaison en 24 heures, D la déclinaison du soleil au méridien et L la latitude.

La quantité $\frac{t+t'}{2} + x$ représente le temps moyen du chronomètre à midi vrai local. On calculera donc, à l'aide de la Connaissance des Temps et de la longitude, le temps moyen à midi vrai local ; la comparaison des heures :

temps moyen à midi vrai local $-\left(\frac{t+t'}{2} + x\right)$ donnera la

correction du chronomètre à midi vrai local.

Détermination de la longitude absolue au moyen d'observations locales. — 1° *Par les éclipses des satellites de Jupiter.* — La Connaissance des Temps donne, pour tous les jours de l'année, les heures moyennes astronomiques des émersions ou des immersions des satellites de Jupiter dans le cône d'ombre projeté par cette planète.

On supposera, dans tout ce qui va suivre, que l'on a déterminé aussi exactement que possible la correction du chronomètre et que les heures observées ont subi cette correction.

Si l'on observe, en un lieu déterminé, un ou plusieurs de ces phénomènes, en comparant les heures notées à celles de la Connaissance des Temps, on obtient autant de valeurs de la longitude. Mais, ce procédé très simple est peu précis en raison du rôle que joue la puissance optique de l'instrument dans la perception de l'instant des apparitions ou des disparitions.

2° *Par les distances lunaires.* — Cette observation ne peut se faire qu'à l'aide du sextant. Bien que les marins excellent dans le maniement de cet instrument, ils n'arrivent pas à tirer un bon parti de cette méthode. Il faut un grand nombre d'observations pour arriver à conclure une longitude à 4 ou 5 minutes d'arc. Le calcul est extrêmement long et pénible. Nous n'entrerons pas dans l'exposé de la méthode parce que cette question est plutôt du domaine de l'astronomie.

3° *Par les hauteurs de la lune.* — Dans cette méthode, on observe les hauteurs de l'un des bords de la lune ; on calcule les angles horaires correspondants. Puis, on détermine les heures sidérales locales, correspondantes aux temps notés ; on en déduit les ascensions droites de la lune. Ensuite, on recherche, dans le tableau des ascensions droites de la lune, pour le jour considéré, les heures de Paris qui correspondent aux ascensions droites calculées.

La comparaison des heures de Paris et des heures notées donne la longitude. Cette méthode ne fournit pas des résultats de beaucoup supérieurs à ceux que donnent les distances lunaires. Le calcul est très délicat, comme tous ceux qui se rapportent à la lune, et ils nécessitent des connaissances astronomiques developpées.

4° *Par les passages méridiens de la lune.* — Cette méthode est beaucoup plus précise, mais on ne peut faire, chaque jour, qu'une détermination de la longitude et il faut une lunette méridienne dont on a préalablement déterminé les corrections de collimation, d'azimut et de niveau et, pour plus de facilité, on doit avoir un chronomètre réglé sur le temps sidéral.

On observe, avant et après le passage, une ou plusieurs étoiles de la Connaissance des Temps, groupées de manière que la moyenne des temps coïncide à peu près avec l'instant du passage de la lune. On note les temps t'_1 t'_2 t'_3... des passages, on les corrige au moyen des formules de réduction méridienne en usage en astronomie, ainsi que de l'effet des erreurs de collimation, d'azimut, d'inclinaison et l'on traite de même l'observation du bord de la lune. On obtient ainsi les temps t_1, t_2, t_3... T des passages de la lune et du bord de la lune au méridien. On ajoute ou l'on retranche de T, la durée du passage de la lune au méridien, suivant que l'on a observé le premier ou le second bord, et l'on tire le temps τ du passage du centre. La correction du chronomètre Cp s'obtient en faisant la moyenne des différences $Ⱥ_2 - t_1$, $Ⱥ_2 - T_2$, $Ⱥ_3 - T_3$..., des ascensions droites des étoiles observées et des temps calculés des passages méridiens. La somme $\tau + Cp$ donne l'Ⱥ méridienne du centre de la lune. On cherche alors, dans la Connaissance des Temps, à la date considérée, l'heure de Paris qui correspond à l'Ⱥ de la lune. En convertissant en temps moyen local cet Ⱥ, on a l'heure moyenne locale qui, comparée à l'heure de Paris, donne la longitude. Cette méthode est entachée de l'erreur des tables de la lune qui, aujourd'hui, est considérable. On l'améliore en appliquant préalablement aux Ⱥ de la Connaissance des Temps la correction donnée par M. Newcomb et qu'on trouve à la fin de ce volume, ou mieux en corrigeant ces ascensions droites des erreurs réellements existantes, telles que les donne l'Observatoire de Paris.

5° *Détermination de la longitude à l'aide de signaux électriques.*— Cette méthode est de beaucoup supérieure à toutes les autres, mais elle nécessite la coopération de deux observateurs, opérant simultanément dans les lieux dont on cherche la différence de longitude, ainsi que la libre disposition d'un fil télégraphique entre les deux postes d'observation et enfin l'emploi d'un chronographe pour enregistrer, à chaque station, l'instant des signaux. Nous allons décrire cette méthode, telle qu'elle est suivie dans les déterminations de haute précision.

Chaque poste d'observation est muni d'une lunette méridienne avec mire méridienne, d'une pendule astronomique, réglée sur le temps sidéral et pourvue d'un interrupteur électrique et d'un chronographe. Ce dernier appareil peut être construit de manières fort différentes. Nous décrirons celui qui est en usage en France, bien qu'il ne soit point le plus pratique. Une bande de papier, actionnée par un mouvement d'horlogerie identique à celui de l'appareil Morse, se déroule d'un mouvement sensiblement uniforme. Sur cette bande appuient deux plumes en rapport avec des électro-aimants. L'un des électro-aimants porte un fil, traversé par le courant d'une pile, courant qui peut être interrompu automatiquement à chaque double seconde, pendant un temps fort court. Il en résulte que la plume trace non pas une ligne droite continue, mais une ligne droite présentant, à distances égales, des sortes d'encoches. La plume des secondes est placée devant un électro-aimant, dont le fil peut être traversé par le courant d'une deuxième pile, à la volonté de l'observateur. Il suffit que l'observateur ferme ce courant en appuyant sur le bouton d'une poire analogue à celles qui sont en usage pour les sonneries électriques. Pendant tout le temps qu'il pressera le bouton, la plume sera attirée et tracera un petit trapèze, du même genre que celui des plumes. On apprécie ensuite au moyen d'une échelle à traits extrêmement fins, tracée sur verre, la position de la coche de la plume des secondes par rapport aux coches de la plume des secondes qui la comprennent. Ainsi dans l'exemple ci-dessus, l'ins-

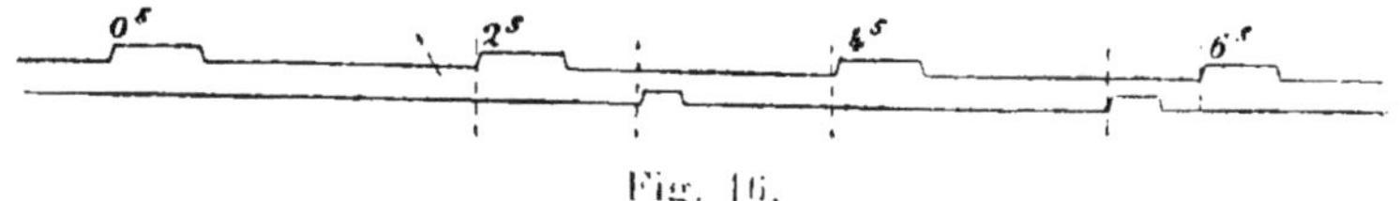

Fig. 16.

tant du signal serait 2 s. 93, celui du 2e serait 5 s. 46. Toutefois, comme il est très difficile de régler les plumes de manière qu'étant en repos elles se trouvent exactement sur une perpendiculaire à la ligne des secondes, on déterminera l'avance ou le retard de la plume des signaux sur la plume des secondes. Cette petite correction s'appelle parallaxe : on l'obtient en lançant des signaux qui s'enregistrent à la fois sur la ligne des secondes et la ligne des signaux. Selon que la coche des signaux tombera en avant ou en arrière de celle de la pendule, la parallaxe devra être retranchée ou ajoutée à tous les temps observés.

Pour obtenir l'enregistrement des signaux envoyés de l'extérieur, on conçoit qu'il suffit de mettre le fil de la bobine de l'électro-aimant, qui correspond à la plume des signaux, en communication avec le fil de ligne. Mais, il faut que les signaux s'enregistrent à la fois à la station qui les reçoit et à celle qui les envoie. Nous avons vu comment la première condition était satisfaite. On interpose dans le circuit du fil de ligne le manipulateur des signaux et on pratique une dérivation du courant de ligne, qui servira à actionner un relai dont le but est d'ouvrir, chaque fois que le courant passe, le courant de l'électro-aimant, et, par conséquent, d'attirer la plume des signaux. Ceci posé, voici comment on procède afin d'éliminer l'effet de l'inertie des pièces de l'appareil : La station A envoie un groupe de 20 signaux à la station B ; la station B envoie à son tour un groupe de 20 signaux à la station A. Puis la station B envoie un nouveau groupe de signaux à la station A et, enfin, pour achever l'échange, la station A envoie encore une fois 20 signaux à la station B.

Puis on forme les différences A — B : on prend la moyenne de chaque groupe de 20 et on lui applique la correction de parallaxe. Ensuite, on calcule la correction de la pendule de A pour l'instant moyen de chacune des 4 séries observées en A ; puis, on calcule de même la correction de la pendule de B pour l'instant moyen de chacune des quatre séries observées en B. On forme la différence des corrections de pendules, relatives à chaque groupe, en ajoutant chacun des quatre nombres obtenus à la moyenne des A — B corrigée de la parallaxe, et on obtient ainsi la longitude.

Ce procédé est le plus précis que l'on puisse employer : aussi, la correction des pendules doit-elle être déterminée avec une exactitude qui soit en rapport avec les efforts réalisés pour la transmission des signaux. Dans ce but, on installe, en chaque station, une mire méridienne et une lunette méridienne. On détermine la collimation de la lunette le plus exactement possible, à l'aide de la mire (petit signal fixé immuablement), et on contrôle cette collimation par des séries de pointés sur des étoiles polaires connues, faites dans des positions opposées du limbe gradué. On calcule l'azimut de la mire, surtout s'il s'agit d'une mire éloignée, par l'ensemble des pointés faits sur les étoiles circompolaires, pendant toute la durée des observations, en chaque station. On se sert ensuite de cet azimut et des pointés sur la mire pour obtenir, dans chaque série, l'azimut de l'axe optique de la lunette. Si l'on a également mesuré l'inclinaison, on a tout ce qu'il faut pour ramener au méridien chacun des passages observés.

On appliquera à cet effet la formule suivante :

$$\alpha \operatorname{Sin} \frac{(L - D)}{\operatorname{Cos} D} + \beta \frac{\operatorname{Cos} \varphi - D}{\operatorname{Cos} D} \pm (c - x) \operatorname{S\acute{e}c} \delta.$$

Pour déterminer une longitude avec une approximation de 0s05 il faut une dizaine de soirées d'observations comprenant chacune un ou deux échanges de signaux. Chaque soirée se composera de 4 séries dans des positions alternées de la lunette. On observera, dans chacune d'elles, 8 à 10 étoiles connues de la Connaissance des Temps ou d'un catalogue spécial publié par le Bureau des Longitudes. Puis, on réduira chaque étoile au méridien par la formule donnée ci-dessus et l'on formera, dans chaque série, le tableau des corrections de la pendule en comparant les ascensions droites aux temps des passages méridiens. On en déduira 4 corrections correspondantes aux instants moyens de chacune des 4 séries. On se servira de ces corrections, d'abord pour calculer la marche de la pendule, pendant les observations, en comparant entre elles les deux corrections cercle à l'est et les deux corrections cercle à l'ouest. Si l'on a les corrections C'_{pe}, C''_{po}, C'''_{pe}, C''''_{po} aux temps T'_e, T''_o, T'''_e, T''''_o on aura la marche par les deux formules :

$$\frac{C'''_{pe} - C'_{pe}}{T'''_e - T'_e} \text{ et } \frac{C''''_{po} - C''_{po}}{T''''_o - T''_o}.$$

On prendra la moyenne des deux résultats obtenus qui, d'ailleurs, en général, seront fort concordants. Enfin, on s'assurera que cette marche s'accorde avec la marche diurne, c'est-à-dire en 24 heures, et on adoptera, pour la correction moyenne de la soirée, l'expression :

$$C_{pm} = \frac{C'_{pe} + C''_{po} + C'''_{pe} + C''''_{po}}{4}$$

et

$$T_m = \frac{T'_e + T''_o + T'''_e + T''''_o}{4}$$

la formule sera, en appelant φ la marche horaire :

$$C_p = C_{pm} + \varphi (T - T_m)$$

C'est cette formule qui servira à calculer la correction de la pendule qui correspond, en chaque station, à l'instant moyen des signaux.

Afin d'éliminer, autant que possible, l'effet de l'erreur commise sur la marche des pendules, on fait deux échanges, chaque soirée, et ces deux échanges sont placés de telle manière que l'instant moyen se rapproche autant que possible de l'heure moyenne de la soirée, c'est-à-dire de T_m.

Ainsi, la longitude déduite de la moyenne de deux échanges est à très peu près exempte, sinon complètement affranchie, de l'erreur commise dans l'appréciation des marches mais non point des erreurs commises sur les corrections moyennes C_{pm}. Or celles-ci, indépendamment de l'incertitude qui peut provenir des erreurs accidentelles de pointés et de l'effet des erreurs commises sur l'azimut, l'inclinaison et la collimation, renferment encore l'effet d'une erreur de source toute différente, connue sous le nom d'équation personnelle, et qui fait qu'un même observateur observera toujours les passages trop tôt ou trop tard d'une quantité fixe, mais qui lui est propre. On ne saurait admettre, dans des équations de haute précision, que la différence des équations personnelles des deux observations est négligeable, à moins d'un cas tout à fait spécial et reconnu. Aussi, pour éliminer cette dernière source d'erreur, en général, après avoir observé dans une situation respective déterminée, pendant un certain nombre de soirées, les observateurs permutent et font un nombre égal de soirées.

La différence des deux longitudes conclues exprime précisément le double de l'équation personnelle, mais la demi-somme est indépendante de cette quantité. C'est le nombre que l'on adopte. On peut, d'ailleurs, contrôler très efficacement les valeurs L' et L'' en observant directement la valeur de l'équation personnelle. Pour cela, les observateurs se réunissent avant et après les opérations de longitude ; et, sur le même instrument, avec le même chronographe, observent alternativement les 6 ou 7 premiers fils et les 6 ou 7 derniers. Chaque fil est ensuite ramené au fil moyen et la moyenne de chaque groupe est formée. Puis, on fait la différence des deux moyennes dans un sens qui sera toujours le même. On conçoit que cette différence est affranchie de la réduction méridienne, qui est intégralement éliminée, et de la marche de la pendule au cours de la brièveté de l'intervalle. Ainsi, chaque étoile fournit une valeur de l'équation personnelle, qui n'est affectée que de l'erreur accidentelle. Mais, cette erreur est considérable à cause de l'instabilité des observateurs. De plus, la différence des équations varie d'un jour à l'autre; aussi, faut-il accumuler une dizaine de soirées avant de pouvoir déduire une valeur moyenne qui corresponde à l'état moyen de l'observateur, caractérisé par les valeurs L' et L''.

CHAPITRE V

Azimut.

L'azimut d'un astre ou d'un signal est l'angle dièdre que forme le plan vertical passant par l'astre ou le signal, avec le plan méridien. Ces deux plans contenant la verticale se couperont suivant cette droite et, par suite, le rectiligne se mesurera dans le plan de l'horizon.

On emploie, pour déterminer les azimuts, le théodolite et, dans les cas où cette mesure requiert une extrême précision, le cercle méridien.

Pour obtenir, à l'aide d'un théodolite, l'azimut d'un astre ou d'un signal, il suffira évidemment de retrancher la lecture du limbe horizontal, la lunette étant pointée sur l'astre, de celle qui serait faite sur le méridien. En réalité, le problème se réduit donc à calculer cette lecture : on en pourra déduire après tous les azimuts que l'on voudra.

1° *Azimut d'un astre par les distances zénithales de cet astre.* — Dans le triangle pôle-zénith-étoile, que nous avons déjà considéré à propos de l'angle horaire, on connaît encore les trois côtés PZ = colatitude, PS distance polaire de l'astre, ZS distance zénithale observée. On calculera donc l'angle dièdre ZO par la formule fondamentale des triangles sphériques. Faisons ZO = A; PS = δ; PZ = λ; ZS = z.

On a : $\cos \delta = \cos \lambda \cos z + \sin \lambda \sin z \cos A$.

Mais cette formule se transformera en posant :

$$2\,K = z + \lambda + \delta$$

Elle devient : $\cos^2 \frac{1}{2} A = \frac{\sin K \sin (K - \delta)}{\sin z \sin \lambda}$.

Soit L la lecture du limbe horizontal du théodolite, la lunette étant pointée sur l'astre, et L' la lecture de ce limbe sur le signal, on formera d'abord la lecture qui correspondrait au méridien L *m* en faisant L + A ou L — A, suivant la position de l'astre par rapport au méridien et l'on déduira ensuite l'azimut par la différence des lectures L *m* et L'.

En France on compte les azimuts de 0 à 360° ou de 0 à 400 grades en allant du sud au nord, en passant par l'ouest. Ainsi l'azimut 0 correspond à la direction du sud, l'azimut 90 ou 100 g. à celle de l'ouest, l'azimut 180 ou 200° à la direction du nord, l'azimut 270° ou 300 g. à celle de l'est.

Azimut au moyen de l'étoile polaire

La Connaissance des Temps renferme des tables numériques qui permettent d'appliquer cette méthode sans avoir à effectuer aucun calcul trigonométrique.

On observe la polaire avec le théodolite ; on lit le limbe horizontal L et l'on note l'heure moyenne de l'observation.

Après avoir corrigé cette heure moyenne de l'erreur du chronomètre, on la convertit en heure sidérale ainsi qu'il a été montré. Puis on prend dans la Connaissance des Temps l'ascension droite de la polaire pour le jour considéré. La différence Hs — AR donne l'angle horaire (en ajoutant s'il le faut 24 heures à l'heure sidérale).

On trouve ensuite dans la Connaissance des Temps son

azimut, pour toutes les latitudes boréales comprises entre 10° et 65° et pour tous les angles horaires de la polaire. Cet azimut est donné positivement ou négativement. Le signe + signifie que l'astre est à l'ouest du méridien ; le signe — qu'il est à l'est. La lecture Lm sur le méridien s'obtiendrait d'après l'observation des règles données ci-dessus que l'on peut résumer dans la formule :

$$Lm = Lo \pm A \begin{cases} + \text{ Si les lectures décroissent dans le sens des azimuts positifs.} \\ - \text{ Si les lectures croissent dans le sens des azimuts positifs.} \end{cases}$$

3° *Azimut d'une mire méridienne à l'aide de la lunette méridienne.* — Cette méthode est celle qui est employée dans les observations de haute précision. L'azimut d'un signal est, en effet, quelquefois une quantité de la plus haute importance, lorsque ce signal est le point de départ d'une chaîne de triangles. L'azimut indique, en effet, l'orientation du premier côté de la chaîne et influe par là sur la direction générale de celle-ci et, par conséquent, sur la position géographique de tous les autres sommets de la triangulation.

L'azimut d'une mire méridienne est un problème qui fait partie de la théorie de la réduction méridienne des observations astronomiques. Nous nous bornerons donc à esquisser à grands traits la méthode que l'on suit en pareil cas.

On sait que l'on réduit toujours, en astronomie, les pointés faits sur une étoile, à l'aide des différents fils fixes, à la valeur qu'ils auraient prise, si chaque fil avait occupé la position d'un fil moyen idéal. Pour cela, il suffit de prendre la moyenne des temps observés. Pour avoir la lecture du fil mobile, qui correspond à la position du fil moyen, on amène successivement ce fil en coïncidence avec chacun des fils fixes et on lit chaque fois le nombre de tours, au moyen du peigne et de parties de tour, à l'aide du tambour de la vis micrométrique. La moyenne arithmétique V*m* de tous les pointés se rapporte évidemment au fil moyen idéal.

On détermine ensuite l'angle que fait le fil mobile de l'instrument amené en coïncidence avec l'axe optique et le fil moyen idéal V*m*. Cet angle s'appelle collimation. Pour l'obtenir, on pointe successivement la mire dans deux positions inverses, c'est-à-dire que l'on retourne la lunette, entre les deux pointés. On fait chaque fois la lecture correspondante du fil mobile. La moyenne des deux lectures se rapporte à l'axe optique, par raison de symétrie, car la direction, dans l'espace, de l'axe optique, ne change pas pendant le retournement et, par suite, l'origine des tours occupe des positions symétriques par rapport à V*o*. La demi-somme des deux lectures donne donc le V*o*. Si les lectures des tours *croissent dans la position cercle à l'est*, la collimation sera donnée avec son signe par la formule :

$$C = \mp (Vo - Vm) K \begin{cases} \text{Est} \\ \text{Ouest} \end{cases}$$

K étant la valeur en temps d'une étoile qui correspond à un déplacement de 1 tour du fil mobile.

Si α représente l'azimut (positif ou négatif suivant que le V*o* tombe à l'est ou à l'ouest du méridien), β l'inclinaison de l'axe de rotation de la lunette (mesurée au moyen du niveau), *c* la collimation prise avec le signe qui correspond à la position du cercle divisé, *Cp* la correction de la pendule, la formule de réduction méridienne pour une étoile circompolaire, préalablement ramenée au V*m*, sera :

$$Æ = t + Cp + \alpha \cdot \frac{\sin(\varphi \mp B)}{\cos D'}$$

$$+ \beta \frac{\operatorname{Cos}(\varphi \pm D)}{\operatorname{Cos} D} \pm c \operatorname{Séc} D \left\{ \begin{array}{ll} + & \text{Passage supérieur} \\ - & \text{» inférieur.} \end{array} \right.$$

Pour une étoile horaire, on aura dans la même position du cercle :

$$Æ' = t' + Cp + \alpha \frac{\sin(\varphi - D')}{\cos D} + \beta \cos(\varphi - D') + c \operatorname{Séc} D'.$$

En retranchant ces deux équations on tire :

$$Æ - Æ' = t - t' + \alpha \left[\frac{\sin(\varphi \mp D)}{\cos D} - \frac{\sin(\varphi - D')}{\cos D'} \right]$$

$$+ \beta \left[\frac{\cos(\varphi \mp D)}{\cos D} - \frac{\cos(\varphi - D')}{\cos D'} \right] + c(\operatorname{Séc} D - \operatorname{Séc} D').$$

φ étant la latitude du lieu, Æ et D, Æ' et D' les ascensions droites et les déclinaisons. On tire donc aisément α de cette équation.

Pour donner plus d'exactitude à l'observation, on observe en général la polaire au moment de son passage sur 20 positions successives et rapprochées, voisines du méridien. On note chaque fois sur le chronographe l'instant du passage et on lit la lecture V du fil mobile. On ramène ensuite chaque pointé au méridien par la formule :

$$t = t \text{ observé} \pm K(Vm - V) \left\{ \begin{array}{l} \text{Passage sup} \\ \text{Passage inf.} \end{array} \right.$$

Puis, l'on fait la moyenne de ces 20 valeurs de t et c'est cette valeur que l'on fait entrer dans la formule. Enfin, afin d'éliminer complètement l'effet de la marche du chronomètre, et de réduire autant que possible l'erreur, d'ailleurs peu importante, de pointé sur l'étoile horaire, on observe un groupe de 3 ou 4 étoiles de la Connaissance des Temps ou du Catalogue du bureau des Longitudes. Ces étoiles sont choisies de telle manière que l'instant moyen de leurs passages coïncide à peu près avec celui de la polaire, et l'on fait entrer, dans la formule qui donne α, la moyenne des t', la moyenne des coefficients :

$$\frac{\sin(\varphi - D')}{\cos D'}, \quad \frac{\cos(\varphi - D')}{\cos D} \text{ et Séc } D'.$$

On connaîtra donc α très exactement. On en conclura l'azimut de la lunette ; on en déduira l'azimut de la mire en ajoutant ou en retranchant l'angle de la mire et du Vo, suivant la position de la mire par rapport au Vo, ce qui s'otiendra par la formule: $A = \alpha \pm (Vo - V) K \begin{cases} \text{Cercle E} \\ \text{Cercle O} \end{cases}$ qui convient au sens des lectures indiquées plus haut pour la vis, et à une mire sud.

Cette angle A est (positif ou négatif) exprimé en temps sidéral ; on le convertit en arc en le multipliant par 15. Enfin, on le comptera, suivant la règle usitée en géodésie, en formant la différence 360° — A (la soustraction étant opérée algébriquement). On convertira cet angle en grades par une règle de trois ou à l'aide d'une table de conversion, si l'on doit plus tard faire usage d'instruments de mesure des angles gradués en 400 grades, selon la coutume française.

Pour obtenir l'azimut d'un sommet quelconque de la triangulation sur l'horizon de la station, on mesurera l'angle dièdre des deux plans verticaux passant par la mire et le signal, au moyen d'un cercle azimutal ou d'un théodolite, ainsi qu'il sera expliqué dans le chapitre suivant, puis on ajoutera ou retranchera cet angle de l'azimut de la mire, suivant que le signal tombera à l'ouest ou à l'est de la mire. Il sera donc nécessaire de substituer, centre pour centre, sur le pilier qui supportait la lunette méridienne un cercle azimutal ou un théodolite à la lunette méridienne.

Il est bien entendu que l'on ne conclura pas l'azimut de la mire d'une seule observation d'une étoile circompolaire. On observera au contraire pendant 8 soirées environ, toutes les étoiles circompolaires qui seront visibles en ayant soin de répartir dans chaque soirée les observations des circompolaires en un nombre pair de positions différentes de la lunette, au moyen de retournements fréquents. La même polaire pourra en général être observée en deux positions alternées de la lunette, en raison du temps très long qu'emploient ces étoiles pour traverser le champ de la lunette.

On obtiendra ainsi un azimut moyen pour chaque soirée. Tous ces azimuts devront être fort peu différents si l'observateur est habile. La moyenne de huit soirées donnera en général l'azimut avec une erreur de 0"3 soit 1 seconde centésimale, c'est-à-dire avec une précision qui correspond à celle que l'on obtient dans les mesures d'angles les plus exactes.

CHAPITRE VI

Des arcs et des chaines de triangles

Le but de la Géodésie est l'étude de la forme du globe terrestre, de ses dimensions, ainsi que la construction de la charpente sur laquelle les topographes assoieront leurs levés. Pour atteindre le premier objet, on mesure certaines lignes tracées sur le sphéroïde dont la connaissance permettra de calculer les dimensions de l'ellipsoïde terrestre. Ces lignes sont des arcs de méridiens. La comparaison de deux arcs de méridien, tracés en des régions de latitude différente, permettra de calculer la longueur des deux axes a et b de l'ellipse méridienne et par suite son aplatissement $\frac{a-b}{a}$, car on ne fait guère usage, dans les formules de géodésie, de l'excentricité. Enfin, si des arcs compris entre des latitudes égales sur des méridiens différents révèlent des longueurs égales, on aura le droit de conclure que la terre est un corps de révolution. La mesure d'arcs de parallèles très différents pourrait également conduire à ces résultats ; mais, on n'a guère utilisé jusqu'à ce jour les arcs de parallèle dans ce but, parce que la précision que l'on réalise dans les mesures de différences de longitude est surtout inférieure à celle que l'on obtient dans la mesure de la différence de latitude des deux extrémités d'un arc méridien. Bien que les arcs méridiens, mesurés en différentes parties de la terre, soient aujourd'hui assez nombreux, c'est une question qui n'est point encore résolue que celle de la forme de révolution et de l'identité des deux hémisphères. Mais, hâtons-nous de dire que si la condition n'est pas réalisée géométriquement, ce qui n'est pas démontré, l'écart de la surface terrestre et de la surface de l'ellipsoïde de révolution qu'on lui substitue est certainement très faible et que l'erreur commise n'a point d'inconvénient, au point de vue pratique, surtout en matière de cartographie.

Les montagnes et les plateaux doivent être considérés comme des renflements de l'écorce terrestre et la surface que l'on considère est celle du niveau des mers prolongée.

La méthode que l'on suit pour déterminer la longueur des arcs de méridien a été imaginée, en 1615, par le hollandais Snellius, qui l'appliqua à la mesure d'un arc situé dans le voisinage de la ville de Leyde. Malheureusement, l'opération ne fut pas très bien conduite et ne donna qu'un résultat médiocre. Mais la méthode devait être reprise, une cinquantaine d'années plus tard, par l'abbé Picard, astronome français qui s'en servit, en 1669, pour mesurer l'arc de méridien compris entre Villejuif, près Paris, et Amiens. Le terme austral de la base de Picard, restauré par les soins de l'Académie des Sciences, est encore visible en suivant au sortir de Paris la route de Fontainebleau. Picard introduisit dans la science un grand perfectionnement en adaptant à son cercle une lunette à réticule, au lieu et place des pinnules qui garnissaient l'alidade dans les instruments en usage jusqu'à cette époque. Il n'a pas, il est vrai, le mérite d'avoir imaginé le principe de cette substitution si heureuse, mais du moins a-t-il celui de l'avoir mise en pratique. La mesure de Picard fut une contribution précieuse aux connaissances scientifiques de son siècle : on peut dire qu'elle fit époque.

La méthode de Snellius consiste à distribuer, autant que possible, de part et d'autre de la ligne à mesurer, un certain nombre de stations assez rapprochées pour que l'on puisse, en chacune d'elles, mesurer les angles que font entre elles les droites qui joignent les stations voisines au centre de la station. On construit ainsi une chaîne continue de triangles entre les deux extrémités de l'arc et ces triangles sont tels que chacun d'eux a un côté commun avec le triangle précédent. On conçoit donc que, si l'on peut mesurer directement sur le terrain un des côtés du premier triangle, ce côté servira ensuite à calculer de proche en proche les côtés de tous les triangles de la chaîne. Si l'on a mesuré, en cette extrémité de l'arc, l'azimut du côté de départ sur l'horizon de la station, on voit que cet azimut servira à orienter ce côté et, par suite, tous les autres côtés de la chaîne. On projette ensuite tous les côtés qui sont situés d'un même côté de la méridienne sur cette ligne idéale et la somme de toutes les projections donnera la longueur de l'arc. Enfin, si l'on détermine la latitude de chacune des extrémités de l'arc, la différence des latitudes donnera l'amplitude de l'arc. Connaissant la longueur de l'arc et sa latitude, il serait facile d'en déduire la longueur du degré et du rayon terrestre, si la terre était sphérique.

Nous avons exposé cette méthode dans ses grandes lignes, en supposant d'abord tous les triangles situés sur un plan. Il n'en est point ainsi ; la surface de la terre est courbe. Il faudra donc, dans le calcul, tenir compte de cette correction. Enfin, il faudra ramener la longueur de la base à la longueur qu'elle aurait eue sur la surface du niveau des mers afin de calculer un arc se rapportant à cette surface.

Ce que l'on mesure à l'aide des instruments, ce sont, en réalité, les rectilignes des angles dièdres des triangles sphériques tracés à la surface de la terre. La considération des excès sphériques, c'est-à-dire de l'excès sur deux droits de la somme des dièdres, permet, dans des triangles aussi peu courbés, de substituer sans erreur le calcul des triangles plans à celui des triangles sphériques, à la condition de corriger chaque angle observé du tiers de l'excès sphérique calculé ε. La somme des trois angles ainsi rectifiés devrait être rigoureusement égale à 180° ou 200 g., si les observations étaient idéales. Malheureusement, chaque angle comporte une erreur accidentelle plus ou moins forte, suivant l'habileté et le soin des observateurs. La somme n'est donc pas généralement 200 gr. Comme l'on est dans l'impossibilité de connaître les altérations des angles et de faire sur ce sujet aucune hypothèse rationnelle, on a l'habitude de répartir également l'erreur de fermeture sur chacun des trois angles de manière à ramener la somme à 200 gr. Ce sont ces angles ainsi modifiés qui serviront au calcul des

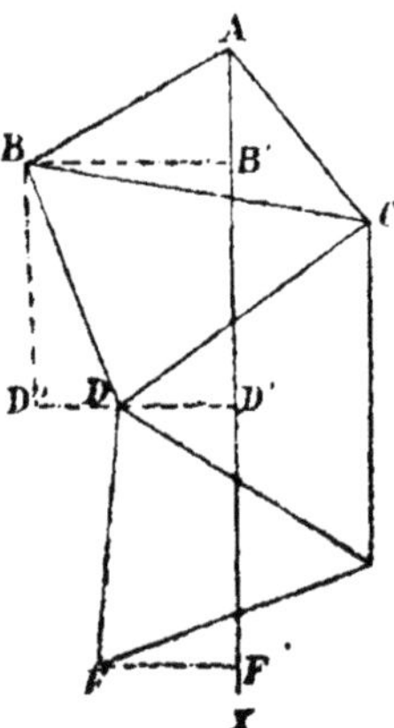

angles plans. On les obtiendrait d'ailleurs immédiatement en répartissant directement sur chaque angle observé la différence de la somme des angles observés sur 200°.

Enfin, il faudra introduire la courbure de la terre, dans le calcul des projections des côtés de la chaîne. La condition se réalise assez aisément au moyen de la considération des excès sphériques. Ainsi, pour calculer la projection AB′ du côté initial AB, on remarquera que, dans le triangle rectangle ABB′, on connaît l'hypoténuse AB et l'angle aigu ABB′, qui n'est autre chose que l'azimut α du côté du départ. On calculera l'excès sphérique ε de ce triangle, puis l'on corrigera l'angle α du $\frac{1}{3}$ de ε et l'on aura AB′ par la formule :

$$A'B' = AB \cos\left(\alpha - \frac{1}{3}\varepsilon\right).$$

Pour avoir le segment suivant B′D′, nous observerons que, si la terre est un solide de révolution, la projection de BD sur le méridien du point A sera égale à la projection du même côté sur le méridien du point B : B′D′ = BD″.

Dans le triangle BDD″, on connaîtra de même l'hypoténuse BD et un angle aigu qui est l'angle en B. Or, on a préalablement non seulement calculé tous les côtés de la chaîne, mais encore les longitudes et les latitudes de tous les sommets, au moyen de formules appropriées dont il sera parlé plus loin. On connaîtra donc bien en B l'azimut de D. Par suite, d'après la convention sur la mesure des azimuts, l'angle DBD″ du triangle rectangle sera (400 gr. — α). On calculera encore l'excès sphérique ε' du triangle par la formule déjà employée :

$$\varepsilon' = \frac{a^2 \sin 2z}{2R^2 \sin 1''}.$$

On déduira ensuite l'angle du triangle plan dont les côtés

ont même longueur en retranchant comme précédemment le tiers de l'excès sphérique :

$$DBD' = (400 gr. - \alpha) - \frac{\varepsilon}{3}$$

d'où l'on déduira pour BD' :

$$BD' = BD \cos\left(400 - \alpha - \frac{\varepsilon'}{3}\right)$$

ou :

$$BD' = BD \cos\left(\alpha + \frac{\varepsilon'}{3}\right).$$

L'on procédera de même pour chacun des autres segments ; il ne restera plus qu'à les ajouter les uns aux autres.

Lorsque les triangulations ont pour but la description géométrique d'un pays, on coupe, en général, la région par un certain nombre de chaînes méridiennes coupées par d'autres chaînes dirigées suivant les parallèles. On conçoit que le nombre de chaînes de chaque espèce n'a rien de fixe et dépend essentiellement de la superficie de ce pays et même du relief qu'il présente. Nous ne pouvons mieux faire que de donner ici la description de la triangulation française. Trois chaînes partagent notre pays dans le sens des méridiens : ce sont les méridiennes de Bayeux, de Dunkerque et de Sedan. Celle de Bayeux s'étend jusqu'à Bordeaux, celle de Dunkerque jusqu'à Perpignan, celle de Sedan jusqu'à l'embouchure du Rhône. Les chaînes perpendiculaires sont au nombre de 6, orientées suivant les parallèles d'Amiens, de Paris, de Bourges, de Clermont, de Rodez, des Pyrénées. Le parallèle d'Amiens s'étend du rivage de la Manche à Mézières où il se soude à la méridienne de Sedan ; le parallèle de Paris se développe de Brest à Strasbourg, celui de Bourges de l'embouchure de la Loire au Jura. Celui de Clermont porte souvent le nom de parallèle moyen parce qu'il s'étend le long du parallèle de 45° ; il a été prolongé par dessus les Alpes, jusqu'à Fiume en Illyrie. La chaîne de Rodez s'incurve légèrement pour se rattacher, d'une part, à la méridienne de Bayeux et de l'autre, à une petite chaîne méridienne qui se détache du parallèle moyen dans la région des Alpes et les suit jusqu'au bord de la Méditerranée. Cette chaîne de Rodez détache, en outre, dans les environs d'Agen, une chaîne qui atteint Bayonne. Lorsque ces chaînes se coupent, elles ont au moins deux sommets communs, c'est-à-dire un côté commun. La longueur de ce côté commun doit être la même, quel que soit l'enchaînement au moyen duquel il a été calculé. C'est là un critérium précieux de l'exactitude des opérations ; il acquiert une réelle importance. L'ensemble des chaînes, qui viennent d'être énumérées, constituent la triangulation de premier ordre de la France.

Malheureusement, cette triangulation est aujourd'hui la plus ancienne qui existe en Europe. Les angles ont été mesurés à l'aide de cercles répétiteurs, instruments condamnés aujourd'hui, ce qui fait que ces chaînes ont, en général, une précision moindre que celles des pays qui ont commencé leur géodésie, il y a trente ans. De plus, à l'exception de la méridienne Dunkerque-Perpignan, qui est l'œuvre admirable de Delambre et Méchain, toutes les autres chaînes sont l'œuvre des ingénieurs géographes, qui ne paraissent avoir été que des observateurs très médiocres. Mais encore, faut-il reconnaître que cette triangulation, telle qu'elle existe, est parfaitement suffisante pour tous les besoins de la topographie.

Dans l'intervalle des grands quadrilatères, enserrés par les chaines de premier ordre, on choisit un certain nombre de points remarquables qui deviennent les sommets de triangles qui couvrent toute la superficie du pays, comme les mailles d'un filet gigantesque qui serait jeté dessus. Ceux de ces triangles qui sont voisins des chaînes de premier ordre s'appuient sur des sommets empruntés à ces chaînes de telle sorte qu'ils peuvent se calculer au moyen de cotes empruntées à celles-ci. Par suite, l'ensemble du réseau compris dans un quadrilatère donné offrira des vérifications numériques très nombreuses. L'ensemble de tous ces triangles constitue la géodésie de second ordre.

Le premier ordre, dans tous les pays, est mesuré avec les instruments réputés les meilleurs et avec les plus grandes précautions ; les observations de chaque angle sont répétées 20 fois en France, 40 fois en Espagne, autant en Allemagne. En un mot, les observateurs accumulent tous les efforts nécessaires pour que l'exactitude des angles mesurés soit aussi grande que possible.

Le second ordre comporte déjà moins de précision par suite du moindre développement des chaînes qui empêche les erreurs de croître avec la longueur ; de plus, les nombreuses vérifications numériques que l'on rencontre à chaque pas permettent, par des moyennes ou par tout autre procédé de répartition des erreurs d'observation, d'atténuer les effets des erreurs commises dans la mesure des angles. Le deuxième ordre s'exécute en Algérie au moyen du théodolite et l'on admet que 10 mesures de chaque angle sont suffisantes, tandis que le premier ordre nécessite l'emploi du cercle azimutal réitérateur à 4 microscopes.

Le premier ordre exige presque toujours la construction de signaux géodésiques ; car, bien rarement, des édifices pourront être utilisés comme point de mire.

D'ailleurs, le centre théorique d'une station étant un point on conçoit que les signaux visés à distance devront affecter une forme géométrique qui permette d'en discerner facilement l'axe. De plus, ces objets devant être visés sous différentes incidences, la forme cylindrique ou tronconique est la seule qui se prêtera à toutes ces exigences, bien que pour la géodésie du 1er ordre les signaux de cette nature soient insuffisants. On dispose donc, au-dessus du centre adopté pour la station, un miroir de quelques centimètres de diamètre qui peut osciller autour d'un axe horizontal, supporté lui-même par un axe vertical, qui peut tourner sur lui-même et repose sur un disque métallique très massif. Ce miroir donnera une image du soleil que

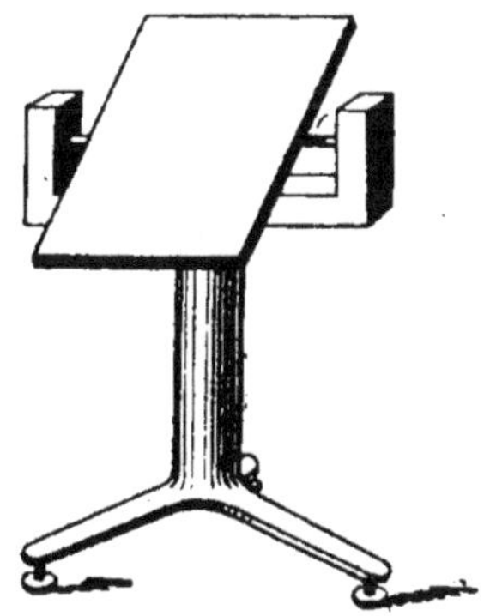

l'on renvoie en inclinant convenablement le miroir, par une double manœuvre autour de ses deux axes, dans la direction de la lunette de l'observateur. Ainsi, chaque miroir nécessite la présence d'un aide qui, pendant les heures d'observation, sera constamment occupé à renvoyer les rayons solaires dans la direction voulue, de manière que l'observateur puisse toujours pointer l'image du soleil. Cette image offre alors un excellent pointé ; elle se présente sous l'aspect d'une étoile dont on peut diminuer l'éclat à volonté au moyen de diaphragmes métalliques. A l'aide d'un miroir de 0m10 de côté, on obtient un excellent pointé à une distance de 40 kilomètres ; en Algérie, où l'atmosphère est plus pure, on atteint ainsi sans difficulté la distance de 60 kilomètres.

Mais, il peut arriver que, par suite de l'éloignement ou du relief du terrain, deux stations ne soient visibles qu'à la condition que l'une d'elles, ou toutes deux soient élevées au-dessus du sol, d'une certaine hauteur. On construit, dans ce cas, des charpentes de 10, 20 ou 25 mètres de hauteur. Ces charpentes doivent être doubles, c'est-à-dire que la plate-forme, qui supporte l'observateur, doit être indépendante de celle qui supporte l'instrument. Cette précaution est indispensable pour éliminer les trépidations qui résulteraient du moindre mouvement de l'observateur. Le centre de la plate-forme instrumentale peut-être projeté sur le sol au moyen d'un fil à plomb. En cet endroit, on enfouit verticalement dans le sol un cylindre métallique noyé dans un bloc de béton. Ce cylindre porte une croisée de traits dont l'intersection est placée exactement sous la verticale du centre. L'axe de ce cylindre constitue le centre de la station ; il pourra être utilisé dans l'avenir pour toute opération géodésique qui emprunterait un côté aboutissant à ladite station. L'instrument servant à la mesure des angles devra plus tard être installé de manière que son centre coïncide rigoureusement avec le centre de station. Il arrive quelquefois que, par suite d'obstacles matériels arrêtant une visée sur un signal, on est obligé de s'écarter de la position centrale. Dans ce cas, il faut appliquer à chaque angle observé une correction connue sous le nom de réduction au centre, dont il sera question plus loin.

Il arrive presque toujours, dans les pays montagneux, que les stations peuvent être établies sur des points d'où l'horizon est bien découvert, de telle sorte qu'il n'est point besoin de s'élever au-dessus du sol. Dans ce cas, le centre de station est encore repéré par un cylindre de cuivre à traits rectangulaires, encastré dans une dalle noyée dans un massif de béton. Au-dessus de la dalle, on élève un pilier monolithe en pierre, de forme géométrique, dont le centre correspondra au centre du cylindre, et c'est sur ce pilier qu'on installe l'instrument des mesures, puis le miroir solaire. Les stations de ce genre sont certainement les meilleures pour la facilité des observations, comme au point de vue économique ; malheureusement, il n'est pas toujours possible d'en faire usage, ou alors il faudrait souvent se restreindre à l'emploi de triangles trop petits. Les côtés des triangles de premier ordre ont, en général, de 30 à 40 kilomètres de longueur ; ceux de second ordre oscillent autour de 15 kilomètres. C'est, en général, une opinion admise que les grands triangles valent mieux que les petits, l'erreur commise dans la mesure des angles restant la même dans les deux cas. Les plus grands triangles, qui aient été mesurés, réunissent les sommets de la triangulation espagnole, qui longe la Méditerranée, à la triangulation algérienne. Les côtés de ces triangles atteignent 270 et 280 kilomètres ; ils ont révélé un accord très satisfaisant entre les deux triangulations. La jonction géodésique hispano-Algérienne (1879), imaginée par le Colonel Perrier, membre de l'Institut, excita l'étonnement dans le monde scientifique. Elle valut au directeur des opérations espagnoles, le général Ibanez, le titre de marquis de Mulhacen, du nom de l'un des pics de la Sierra Nevada, voisin de Grenade, sur lequel les observateurs espagnols avaient séjourné. Depuis cette époque, les espagnols ont exécuté une opération à longue portée en joignant les îles Baléares au continent par de grands triangles.

Si l'on se bornait aux observations de jour,les entreprises géodésiques nécessiteraient quelquefois un temps très long, car le soleil fait souvent défaut. On remplace donc, pour les opérations de premier ordre,le miroir solaire par un appareil connu sous le nom de Collimateur C'est une boîte de tôle, qui peut osciller autour d'un axe vertical sur un lourd trépied métallique, dont le centre est mis en coïncidence avec le centre de station. Cette boîte porte, à sa partie supérieure,une lampe à pétrole dont la flamme se trouve placée en regard d'un tube horizontal portant une lentille biconvexe. La lentille est disposée de telle manière que la flamme se trouve à son foyer. Il résulte de cet agencement que les rayons sont renvoyés parallèlement à l'axe principal de la lentille. L'axe principal passe par le centre de station, de telle sorte qu'en visant le feu de la lampe on aura exactement la direction de ce centre. Cet appareil est beaucoup plus commode que le miroir solaire ; car, il suffira que l'aide, après avoir allumé la lampe, l'oriente suivant une direction repérée d'avance pour que l'opérateur ait, de la station opposée, pendant toute la durée de la soirée, un pointé sûr. Les collimateurs optiques sont très visibles, en France, à une distance de 40 kilomètres ; en Algérie, on peut s'en servir jusqu'à 60 kilomètres au moins.

Pour les opérations de second ordre, on se contente de viser l'axe du signal qui, à la distance de 15 kilomètres, se présente dans la lunette avec une netteté suffisante.

Enfin, à l'aide des sommets de 1er et 2e ordre,on construit un 3e ordre de triangles. Ceux-ci s'obtiennent en visant seulement,de deux desdits sommets,un point remarquable de la région : clocher d'église, cheminée d'usine, arbre isolé, sommet de toiture de ferme ou d'édifice se détachant d'une facon caractéristique, phare... etc. Ainsi, les triangles de troisième ordre ne contiendront que deux angles mesurés ; on conclut le troisième angle et le calcul du triangle s'exécute comme pour les triangles de 1er et 2e ordre. Mais, comme les côtés sont beaucoup moins longs (de 5 à 12 kilomètres), il suffira de faire le calcul avec 5 décimales, en empruntant la longueur du côté de base à la triangulation de 2e ordre. De plus, un même sommet de 3e ordre est généralement rattaché par plusieurs triangles afin d'assurer la position du point. Ce sont ces triangles de 3e ordre qui serviront au topographe pour le dessin de la carte.

A cet effet, on remet au topographe, au moment de son départ, une feuille de papier collée sur toile, sur laquelle on a tracé les méridiens et les parallèles qui traversent la région sur laquelle porteront ses levés. Au moyen de ces méridiens et parallèles, on place tous les points de 1er, 2e et 3e ordre par leurs coordonnées géographiques préalablement calculées. On lui remet, en outre, un tableau des altitudes de ces points au-dessus du niveau de la mer. Il emporte avec lui une boussole-éclimètre qu'il installe successivement en chaque sommet d'où il vise tous les points qu'il juge lui être nécessaires pour le dessin de la Carte. Les lectures de l'aiguille de la boussole lui donneront les angles à un demi-grade près ; quant à celles de l'alidade de l'éclimètre, elles lui fourniront les distances zénithales des points visés d'où il déduira par un calcul fort simple les altitudes de ces points qu'il utilisera pour le dessin des courbes de niveau. Viser un point de cette sorte s'appelle le recouper ; deux recoupements différents seront suffisants pour placer ce point avec une exactitude correspondante aux erreurs de traits. On ne calcule plus ici de coordonnées géographiques ; on reporte les points sur la feuille par des constructions graphiques lorsque l'on dépouille les carnets. Grâce à ce nouveau système de points rapprochés, la représentation des accidents du sol est singulièrement facilitée ; quant au tracé des courbes de niveau, elle constitue, en pays de montagne, une difficulté à laquelle l'ingéniosité de l'opérateur doit parer sans qu'il soit possible de donner de règle très précise.

L'ensemble des triangles de tout ordre forme ce que l'on appelle le canevas.

On ne publie pas, en France, les canevas des différentes feuilles de la carte parce que ce document n'offre guère d'intérêt pour les levés supplémentaires que les agents des forêts sont appelés à effectuer. En revanche, on a publié autrefois les tableaux de coordonnées et d'altitudes de tous les points, mais ces fascicules sont aujourd'hui introuvables ; quant à ceux relatifs à l'Algérie, le Service Géographique n'a rien publié du tout, bien que, tout étant à faire en même temps dans ce pays, les géomètres du Cadastre eussent pu en tirer un utile parti. Les italiens au contraire publient tout : canevas, coordonnées et altitudes.

Nous avons dit plus haut que les centres de station de premier ordre étaient repérés par des cylindres métalliques enfouis dans le sol. On conçoit que leur conservation soit extrêmement désirable ; car, dans le cas d'opérations géodésiques ultérieures, ils fourniront des côtés de longueur et d'orientation connue qui pourront être très précieux.

Enfin, dans le cas où une nouvelle mesure de la chaîne tout entière serait entreprise, par suite de perfectionnements introduits dans la construction des instruments ou dans les méthodes d'observation, ils fourniront à tout instant un contrôle précieux qui mettra l'opérateur en garde contre toute détermination discordante. Afin d'assurer la conservation des repères, l'Etat achète le terrain qui les entoure de manière à les isoler au milieu d'un carré de

2 m. de côté environ ; puis, on élève un petit monument destiné tout à la fois à protéger le repère et à indiquer sa place dans le sol, pour la recherche qui pourra en être faite quelquefois très longtemps après. Le monument, d'ailleurs, est aussi simple que possible ; il se compose d'un pilier en moellons surmonté d'une dalle. Les signaux de second ordre ne sont pas, en général, repérés dans le sol parce qu'il ne sont appelés à rendre que des services momentanés. Ainsi que nous l'avons dit, ce sont des blocs de maçonnerie grossière, de forme tronconique, quelquefois même des blocs de pierres sèches. C'est l'axe de ce tronc de cône qui définit le centre de la station.

La conservation des signaux géodésiques n'est assurée, dans aucun pays, par une loi spéciale et, cependant, la législation de droit commun est impuissante à les protéger contre les dégradations de l'homme. En France, le maire de la commune intéressée est invité à veiller sur eux, mais cette invitation platonique n'a pas de sanction. Aussi, les signaux disparaissent-ils avec une rapidité étonnante ; les repères sont arrachés et les points perdus pour la postérité. C'est ainsi que de la première vérification de la célèbre chaîne méridienne Delambre effectuée vers 1820, il n'a été possible de retrouver que deux centres de stations ! Seuls, les termes des bases, à Melun et à Perpignan, avaient subsisté, par suite de l'importance des constructions qui les surmontent. Quant aux signaux de troisième ordre, au bout d'un demi-siècle, ils ont tous disparu ; c'est à peine si l'on peut compter sur les clochers.

CHAPITRE VII

DE LA MESURE DES ANGLES ET DES BASES.

La mesure des angles des triangles de première ordre s'effectue, en France, à l'aide du cercle azimutal de Brünner que nous avons décrit dans le chapitre relatif aux instruments. A l'étranger, on emploie des instruments qui s'en rapprochent plus ou moins par la forme extérieure, et qui sont construits sur le même principe. Aussi, la manière de diriger les observations est-elle aujourd'hui partout identique. On mesure non point des angles mais des *directions relatives*. C'est-à-dire que si l'on a, au point

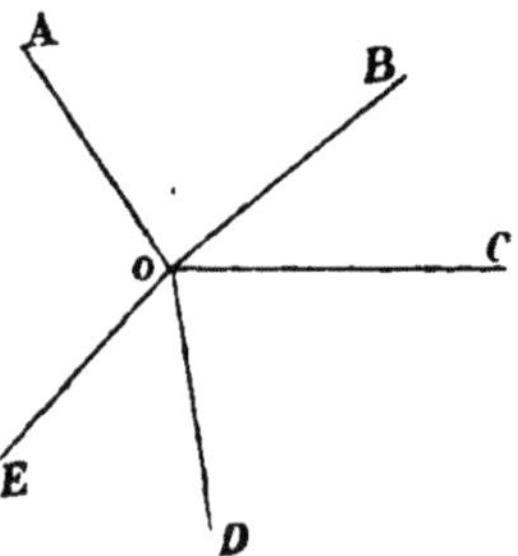

O, à mesurer les angles AOB, BOC, etc., au lieu de mesurer séparément chacun de ces angles, on fixera le limbe horizontal mobile dans une position déterminée, à l'aide de ses pinces, puis on pointera la lunette sur le point A et l'on fera la lecture de l'index et des microscopes, ce qui donnera la lecture correspondante à la direction OA. Puis on passe au point B, et l'on fait de même les lectures de l'index et des microscopes et l'on conclut la lecture se rapportant à la direction OB. On procède ensuite aux mêmes mesures sur les signaux C et D en pointant successivement la lunette sur les objets, dans l'ordre où ils se présentent.

L'ensemble de toutes les lectures constituent un *tour d'horizon* : nous allons d'abord supposer les observations exécutées avec un théodolite, pourvu seulement d'un réticule, et nous allons analyser toutes les particularités de l'opération et les précautions à prendre. Nous supposerons encore que l'instrument est réglé, c'est-à-dire que, après avoir amené la bulle de chaque niveau à conserver la même situation, lorsque l'on fait décrire à l'axe vertical un tour entier sur lui-même, cet axe est vertical. Ceci est une condition qu'il appartient au constructeur de réaliser. Il faut encore qu'il ait rendu l'axe optique de la lunette perpendiculaire à l'axe de rotation et qu'enfin les deux fils du réticule soient exactement rectangulaires et que le fil horizontal ou fil des hauteurs ait une inclinaison nulle.

Ceci posé, remarquons que, dans le cas d'un tel instrument, les pointés se font en amenant en coïncidence l'image de l'objet sur la croisée des fils du réticule et que tous les pointés sont ramenés, *ipso facto*, sinon à l'axe optique, du moins à un point fixe par rapport à cet axe optique, et que, par conséquent, les différences des deux lectures servant à conclure un angle est indépendante de cette erreur constante. Enfin, remarquons que l'axe optique de cette lunette ne passe pas par le centre du limbe gradué horizontal, mais qu'il se déplace dans l'espace tangen-

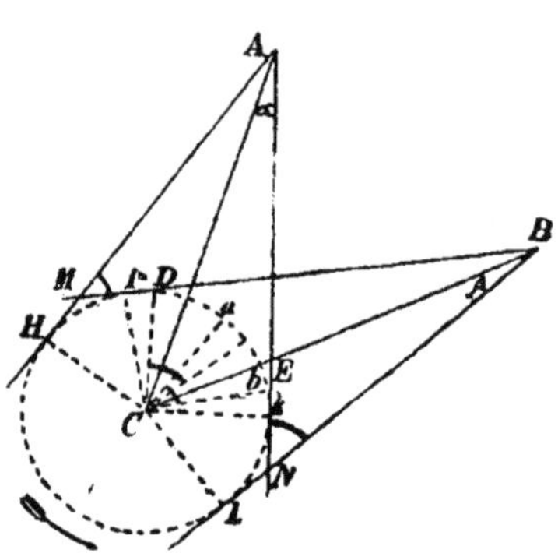

tiellement à une surface cylindrique ayant pour axe l'axe instrumental et pour rayon la distance de l'axe optique de la lunette à l'axe instrumental. Il est facile de voir que l'angle indiqué par les verniers du limbe horizontal, lorsque l'on amènera la lunette d'abord en H puis en D, pour pointer l'objet A puis l'objet B, sera HCI égal à AMB, comme ayant ses côtés respectivement perpendiculaires.

Si l'on fait tourner l'axe vertical de 180° sur lui-même et que l'on pointe les objets en ordre inverse, c'est-à-dire B d'abord, puis A ensuite, l'angle des verniers KCL = ANB, Or, l'angle que l'on cherche est l'angle ACB = x ; nous allons montrer qu'il est rigoureusement égal à la demi-somme des angles observés, $a\,ob + a'\,ob'$.

Soient, en effet, α les deux angles égaux des tangentes avec AC en A et β ceux des tangentes avec BC en B. L'angle extérieur AEB dans les triangles ACB et ANB donne :

$$AEB = ACB + \alpha$$

et :

$$AEB = ANB + \beta$$

d'où :

$$ACB + \alpha = ANB + \beta$$

mais :

$$ACB = x \text{ et } ANB = KCL$$

donc :

$$x + \alpha = KCL + \beta$$

C'est-à-dire :

$$a'ob' = x + (\alpha - \beta).$$

L'angle ADB extérieur aux deux triangles ADM et BDC donne pareillement AMD $+ \alpha =$ ACB $+ \beta$; d'où, à cause de AMD $=$ HCI $= x - (\alpha - \beta) = aob$; donc, par sommation, $aob + a'ob' = 2\,x$.

Ainsi donc, si l'on prend la peine de faire tourner l'axe de l'instrument sur lui-même, d'une demi-circonférence, et si l'on exécute un nouveau tour d'horizon en pointant les objets dans l'ordre inverse de celui qui a été employé dans le premier tour, la moyenne des lectures sera affranchie radicalement de cette erreur spéciale d'excentricité. On obtiendra donc un tour d'horizon que l'on considérera comme une série.

Si l'on déduisait un angle d'une ou plusieurs mesures effectuées dans une position déterminée de l'instrument, il faudrait appliquer à l'angle sud, sur le limbe horizontal, la correction $\alpha - \beta$, avec le signe convenable, car on en déduit :

$$x = KCL - (\alpha - \beta)$$

ou :

$$x = HCI + (\alpha - \beta).$$

Or,

$$\sin \alpha = \frac{r}{d} \quad \sin \beta = \frac{r}{d'}$$

en prenant les arcs pour le sinus :

$$\alpha = \frac{2}{d \sin 1''} \quad \beta = \frac{2}{d' \sin 1''}$$

(α et β sont donc d'autant plus grands que A et B sont plus rapprochés). Dans le pointé des astres, cette correction est donc nulle à cause du signe. Il serait plus sûr de corriger chaque direction. Le limbe horizontal étant toujours gradué dans le sens direct, c'est-à-dire en sens inverse du mouvement des aiguilles d'une montre, on voit que, dans la position directe de l'instrument, c'est-à-dire cercle à droite, on rencontrerait les parallèles menées par G aux directions AH et BI avant de rencontrer AC et BC, en suivant la graduation du cercle ; donc les lectures *a* et *b* sont trop faibles et, par suite, doivent être augmentées, d'où la formule :

$$\text{L vrai} = \text{L observé} \pm \frac{r}{d \sin 1''} \begin{cases} + \text{ cercle à droite} \\ - \text{ cercle à gauche.} \end{cases}$$

Mais, dans la pratique, on ne fait jamais cette correction en répétant les pointés dans les deux positions du cercle.

Les nombres, qui figurent dans une série. sont affectés seulement :

1° De l'erreur accidentelle de pointé dans la lunette.

2° De l'erreur accidentelle de lecture.

3° De l'erreur accidentelle de division.

4° De l'erreur périodique de division.

Les trois premières erreurs ne suivent aucune loi ; leur effet s'éliminera plus ou moins complètement, suivant le hasard des circonstances, par la combinaison de plusieurs séries. Aussi, dans la géodésie de second ordre emploie-t-on 5 séries comprenant 10 tours d'horizon. Dans la géodésie de premier ordre, 10 séries au moins sont nécessaires, c'est-à-dire 20 tours d'horizon ; mais, ce nombre, adopté en France, doit être considéré comme un minimum qui est dépassé de beaucoup par les observateurs des autre pays.

L'erreur périodique de division se décompose en deux parties : l'une, due à l'excentricité du limbe lorsqu'il est placé sur la plate-forme de la machine à diviser ; l'autre, à l'inclinaison du même limbe, pendant l'opération de la division. L'effet combiné de ces deux sources d'erreurs sur une division u peut être représenté par une série de la forme.

$$A_1 \sin (u - \alpha_1) + A_2 \sin (u - \alpha_2) + A_3 \sin (u - \alpha_3) + \ldots.$$

A_1, A_2, A_3, sont des coefficients numériques ; $\alpha_1\ \alpha_2\,\alpha_3 \ldots$, des constantes angulaires. Dans une division bien construite, les premiers termes sont seuls sensibles.

Supposons, d'ailleurs, que le limbe soit pourvu de 4 verniers équidistants ; l'erreur de la moyenne des 4 lectures des verniers est la moyenne des erreurs des traits u_1 u_2 u_3 et u_4.

Or,

$$u_2 = \frac{\pi}{2} + u_1 \quad u_3 = \frac{\pi}{2} + u_2 \quad u_4 = \frac{\pi}{2} + u_3$$

Les erreurs des 4 traits sont donc respectivement :

$$u_1 + A \sin (u_1 - \alpha_1) + B \sin 2 (u_1 - \alpha_2) + C \sin 3 (u_1 - \alpha)$$

$$u_2 + A \sin \left(\frac{\pi}{2} + u_1 - \alpha_1\right) + B \sin 2 \left(\frac{\pi}{2} + u_1 - \alpha_2\right) + C \sin 3 \left(\frac{\pi}{2} + u_1 - \alpha\right)$$

$$u_3 + A \sin (\pi + u_1 - \alpha_1) + B \sin 2 (\pi + u_1 - \alpha_2) + C \sin 3 (\pi + u_1 - \alpha)$$

$$u_4 + A \sin \left(\frac{3\pi}{2} + u_1 - \alpha_1\right) + B \sin 2 \left(\frac{3\pi}{2} + u_1 - \alpha_2\right) + C \sin 3 \left(\frac{3\pi}{2} + u_1 - \alpha\right)$$

Or, $u_1 - \alpha_1$ et $\pi + u_1 - \alpha_1$ différant de π ont des sinus égaux et de signes contraires ; de même : $\frac{\pi}{2} + u_1 - \alpha_1$ et $\frac{3\pi}{2} + u_1 - \alpha_1$, par suite tous les termes en A disparaissent.

De même $2(u_1 - \alpha_2)$ et $\pi + (u_1 - \alpha_2)$ ont des sinus égaux et des signes contraires ; de même $2\pi + 2(u_1 - \alpha_2)$ ou $2(u_1 - \alpha_2)$ et $3\pi + 2u_1 - \alpha_2$ ou $\pi + 2(u_1 - \alpha_2)$; par suite, tous les termes en B disparaissent encore. Enfin tous les termes en C s'élimineront également, car $3(u_1 - \alpha_3)$ et $3\pi + 3(u_1 - \alpha_3)$ ou $\pi + 3(u_1 - \alpha_3)$ diffèrent de π ainsi que $\frac{3\pi}{2} + 3(u_1 - \alpha_3)$ et $\frac{9\pi}{2} + 3(u_1 - \alpha_3)$ diffèrent de $\frac{6\pi}{3} = 3\pi$ ou π en retranchant une circonférence.

Si l'on recommençait une série dans la même position du limbe horizontal ; on tomberait toujours sur les mêmes traits ; par suite, on n'éliminerait ni l'erreur accidentelle des traits ni l'erreur périodique de la moyenne $u_1 + u_2 + u_3 + u_4$ des 4 verniers. Aussi, après l'achèvement de la première série, on fait tourner le limbe d'un certain angle.

Dans la pratique, voici comment on procède :

1° pour la 1re série, après avoir visé avec la lunette le premier signal du tour d'horizon, on desserre les vis qui assujettissent le limbe gradué sur le support de l'instrument. On tourne alors ce support à la main, de manière à amener le 0 de la graduation, en regard de l'index. On serre alors fortement les pinces, de manière à fixer bien solidement le limbe gradué, puis on retouche les niveaux, s'il est nécessaire, et l'on procède au pointé définitif du signal-origine et à celui des autres signaux.

Après l'achèvement de la 1re série, on desserre les vis et, tout en maintenant la croisée des fils sur l'image du premier signal, on amène la division 20 devant l'index et l'on répète la suite des opérations.

Puis, on prend successivement comme origine les divisions 40, 60, 80, ce qui permet d'obtenir les cinq séries dont il a été question, sur des traits différents. Dans le premier ordre, on prend successivement comme origine les traits 0, 10, 20, 30 — On démontre encore que, dans le cas de n verniers et de N origines équidistantes sur le limbe, on ne laisse subsister que les termes dont l'indice est un multiple de n, ce qui permet de dire que le n^o terme représente très sensiblement l'erreur du trait u. Ainsi, dans le cas de 2 séries sur les origines équidistantes de 20 g., les 19 premiers termes du développement disparaîtront.

Pour ramener les lectures faites sur les origines 20, 40, 60.. à l'origine 0, il suffit évidemment de retrancher de la lecture sur chacun des objets, la lecture sur l'objet initial, dans la série correspondante. On récapitule ensuite les séries dans un tableau à plusieurs colonnes portant en tête le nom de chaque station, dans l'ordre où elles se présentent par rapport au point origine. On fait ensuite les moyennes arithmétiques des nombres contenus dans chaque colonne, et ce sont les nombres ainsi obtenus qui serviront au calcul des triangles.

Mesure des angles à l'aide du cercle azimutal. — Le cercle azimutal diffère de forme du théodolite, mais la différence essentielle tient surtout à la substitution de 4 microscopes à micromètres aux 4 verniers et au remplacement du réticule à fil fixe par un microscope à micromètre. Cet instrument est employé dans le premier ordre et dans toutes les opérations de haute précision. Il permet de réduire à volonté, pour ainsi dire, l'erreur de pointé en donnant le moyen de répéter le pointé lorsque la lunette a été arrêtée à l'aide des pinces et de la vis de rappel dans la direction voulue. En outre, par sa construction, il permet de changer le trait correspondant au pointé sur le signal de référence. Seulement, à défaut de fil fixe, il faut ramener tous les pointés à l'axe optique de la lunette, c'est-à-dire les lectures à la lecture que l'on aurait effectuée si le signal avait été pointé avec le fil mobile. On déterminera donc le Vo c'est-à-dire la lecture de la vis micrométrique de l'oculaire, supposée amenée en coïncidence avec l'axe optique. Il suffira, pour cela, après avoir dirigé la lunette sur un signal éloigné, de serrer les pinces de manière à rendre l'axe immobile. On pointera alors plusieurs fois successivement le signal en amenant son image au centre du carré des fils. On formera ensuite la moyenne arithmétique V_1. Puis, sans toucher aux pinces, on soulèvera la lunette et l'on retournera l'axe bout pour bout. Dans cette nouvelle position, on pointera encore le même signal, de la même façon, et l'on formera la moyenne V_2. L'axe optique correspond à la lecture :

$$Vo = \frac{V_1 + V_2}{2}$$

Le plus souvent, le pointé se fait en amenant successivement chacun des deux fils verticaux du carré en coïncidence avec l'image du signal. La moyenne d'un couple de pointés correspond évidemmment au centre du carré.

On sait qu'un tour du tambour de la vis micrométrique de l'oculaire déplace les fils verticaux d'une dent. La valeur angulaire qui correspond à ce déplacement, peut être considérée comme une quantité constante pour un même instrument. Pour la déterminer, une fois pour toutes, on mesure un très grand nombre de fois l'angle de deux objets éloignés, visibles simultanément dans la lunette, celle-ci étant solidement fixée en azimut à l'aide de la pince. On place ensuite le carré des fils au milieu du champ, puis on pointe comme avec la croisée de fils fixes du réticule, mais sans plus toucher au tambour et en déplaçant, à l'aide de la vis de rappel de la pince, la lunette en azimut, et en faisant chaque fois la lecture des microscopes. On voit qu'on peut ainsi très aisément obtenir l'arc qui correspond à un nombre de tours connus du tambour. Une simple division fera connaître la valeur de l'arc K équivalent à 1 tour. Par suite, la formule de la réduction au *Vo* sera :

$$\pm K (Vo - V)$$

Le signe avec lequel il faut appliquer la correction est donné par la combinaison du sens des lectures de la vis et du sens de la graduation du cercle. Dans les instruments de Brünner, les lectures croissent lorsque le fil se rapproche du tambour pour la position du micromètre à droite. Donc, si *Vo* est plus grand que V, pour amener le fil V sur le *Vo*, il faudrait faire tourner la lunette d'un angle K (*Vo* — V) dans le sens inverse de la graduation ; par suite la lecture correspondante serait :

$$\mp K (Vo - V) \begin{cases} \text{tambour à droite} \\ \text{tambour à gauche.} \end{cases}$$

Dans la pratique, il importe peu de réduire exactement au V_o, puisque l'erreur commise sur chaque direction disparaîtra dans la différence qui sert à former l'angle. On adopte donc un nombre rond de parties afin de faciliter la formation des différences $V_o - V$. La valeur angulaire du tour de la vis est généralement de 30'' à 50'' secondes centésimales, ce qui fait qu'une division du tambour vaut de 3'' à 5'' suivant les instruments. L'observateur apprécie le dixième de division, ce qui correspond à une erreur de 0,3 à 0,5, et comme il répète le pointé 4 fois au moins, on voit que l'angle est à peu près affranchi de l'erreur du pointé. D'ailleurs, si l'observateur se sert, pour les pointés, des fils verticaux du carré, les nombres de chaque couple se vérifient réciproquement puisque leur différence doit être constante.

Les verniers sont remplacés par des microscopes à micromètre, ainsi qu'on l'a vu dans la description de cet instrument. Ils sont au nombre de 4 et sont construits de telle façon qu'un tour de la vis micrométrique de l'oculaire déplace le fil mobile sur le limbe d'un arc de 4'. Il résulte de cette ingénieuse disposition que si l'on appelle a, b, c, d, les lectures des 4 microscopes, la partie complémentaire de la lecture de l'index sera :

$$\frac{a \times 4' + b \times 4' + c \times 4' + d \times 4'}{4}$$

ou : $a+b+c+d$. Mais, on sait que cette condition n'est jamais réalisée complètement ; d'ailleurs, la valeur angulaire du tour de la vis est en relation avec l'état thermique du cercle : c'est donc une quantité variable, mais dans des limites très étroites. La quantité qu'il faut ajouter à la somme des lectures des microscopes, pour qu'elle représente un arc de 1', s'appelle tare des microscopes. On l'obtiendra très facilement, comme pour le cercle méridien, en mesurant avec le fil mobile de chaque microscope un arc du limbe. Celui-ci étant gradué de 10′ en 10′, on pointera successivement deux traits consécutifs avec le fil mobile de chaque micromètre. Supposons que l'on ait trouvé les nombres a et a' pour le premier micromètre, b et b', c et c', d et d' pour chacun des autres, la différence $(a' + b' + c' + d') - (a + b + c + d)$ doit valoir 10′. Le complément positif ou négatif de cette différence à 10′, fournit avec son signe algébrique, la correction pour 10 tours ; on conclut la correction pour 1 tour.

Il sera bon d'opérer ainsi plusieurs déterminations de la tare, sur différents traits du limbe, afin d'éliminer l'erreur accidentelle des traits.

Chaque série d'observations devra être encadrée dans une détermination complète de la tare. Il sera même nécessaire, si la série est un peu longue, de la couper par une ou deux déterminations supplémentaires.

Il faut ensuite régler les microscopes, c'est-à-dire que l'index du limbe étant amené exactement dans le prolongement de l'un des traits α de la graduation, les lectures des microscopes sur les traits α, $100 + \alpha$, $200 + \alpha$, $300 + \alpha$ soient nulles. Pour cela, après avoir arrêté le plateau mobile dans une telle position, on pointe avec le fil mobile des microscopes l'image des traits indiqués ; puis, en agissant sur la vis du peigne servant à compter les tours, on arrive par tâtonnements à ce que la lecture du peigne soit 0 tour et celle du micromètre 0 p. 0. Dans cette position l'instrument est réglé, c'est-à-dire que, pour une position quelconque du limbe, la distance de l'origine des tours dans chaque microscope au trait précédent de la graduation exprimerait réellement le complément de la lecture de l'index. Les microscopes renversant les images et la graduation courant en sens inverse de celle d'une montre ce sera l'intervalle entre la position du fil mobile correspondant à l'origine des tours et le trait de droite pour l'observateur, qui correspondra à la lecture plus faible. Le tambour étant placé à droite dans chaque microscope, c'est le trait situé du côté du tambour dont il s'agit. Or, on a vu que les lectures croissent lorsque l'on déplace le fil mobile vers le tambour. Par conséquent, la lecture du fil mobile, *pointé sur le trait de droite*. mesurera en tour de la vis l'arc complémentaire cherché.

Il ne reste plus maintenant, avant de commencer les observations, qu'à rendre horizontal le plan du limbe. Pour cela, on se servira du niveau reposant sur l'axe de la lunette. La condition sera satisfaite lorsque la bulle restera immobile dans deux directions rectangulaires de l'axe.

On ordonnera les observations de la manière suivante : après avoir pointé la lunette sur le signal de référence, et lorsqu'on a desserré la pince et les vis de pression, on amène le trait 0 devant l'index en manœuvrant ce limbe à la main, par un des rais, qui le joignent à l'axe central. Puis, on serre les vis de pression qui assujettissent le limbe au socle. On serre également la pince du support des microscopes, et l'on achève le pointé à l'aide de la vis de rappel, s'il y a lieu, et du fil mobile. Après avoir lu les quatre microscopes, on desserre la pince, on pointe la lunette sur l'objet suivant et l'on répète les mêmes opérations.

Après l'achèvement du tour d'horizon, on desserre de nouveau les vis de pression du limbe, on amène une autre division devant l'index, et l'on effectue une 2e série. Afin d'éliminer toutes les causes d'erreurs systématiques, que peut présenter un tel instrument, on prend la précaution d'observer un nombre égal de séries en suivant l'ordre de succession des points par rapport au sens de la graduation et l'ordre inverse ; enfin, on divise chaque groupe en un nombre égal de séries : tambour à droite et tambour à gauche.

Nous avons dit que l'on mesurait des tours d'horizon en pointant successivement les signaux, suivant deux sens de succession. Il peut arriver que, par suite de brumes locales ou de maladresse d'un aide, un ou plusieurs signaux ne soient point visibles, tandis que d'autres le sont. En France, on interrompt alors les observations. C'est une règle invariablement suivie que tous les signaux doivent être visibles en même temps et les tours d'horizon complets. Ce système a le grand avantage de donner des poids égaux à tous les angles. En Allemagne, en Espagne, etc., au contraire, on procède, dans ce cas, par tours d'horizon incomplets, changeant même le point origine, s'il est nécessaire. Seulement, on effectue plus tard le nombre de mesures nécessaires, sur les origines incomplètes, de manière à les compléter. On applique ensuite la célèbre méthode des moindres carrés à la recherche des directions. Nous renvoyons le lecteur, qui désirerait voir un exemple d'un calcul de cette nature, aux publications des services chargés des opérations géodésiques en Allemagne, en Italie, en Suisse... etc. ; il en trouvera un exemple, en français, dans le tome XIII du Mémorial du Dépôt de la Guerre.

Après avoir traité de la mesure des angles, il nous reste à parler de la mesure des bases sur le terrain.

L'opération consiste à mesurer avec une règle un côté géodésique soigneusement repéré, de distance en distance, sur le sol. Il résulte de là l'obligation de transporter la règle sur une ligne droite idéale, puis de prendre pour origine, dans chaque position de la règle, l'extrémité de ladite règle dans la position précédente, de mesurer la faible inclinaison de la règle, sa température, afin de corriger chaque portée de l'erreur d'inclinaison et de la réduction à 0°. On remarquera que l'effet de la dilatation est ici extrêmement important, car il s'exerce en réalité, sur une longueur métallique égale à celle de la base. En France, cette longueur atteint 12 kilomètres ; à l'étranger, on adopte généralement des bases voisines de 3 kilomètres. On conçoit que la règle étant contenue un nombre de fois très considérable dans de telles longueurs, il importe également que la longueur de cette règle soit connue avec une extrême exactitude. De là, des opérations préliminaires d'étalonnage très délicates, qui se font aujourd'hui au Bureau International des poids et mesures, à Sèvres, avec une précision extraordinaire. On peut affirmer que la longueur d'une règle ainsi étalonnée est exacte à quelques microns près, c'est-à-dire à quelques millièmes de millimètres. Les coefficients de dilatation sont également déduits des comparaisons de la règle avec l'étalon international. On voit donc que la mesure d'une base est une œuvre singulièrement complexe ; et, pourtant, c'est probablement celle que les géodésiens réussissent le mieux.

Nous nous bornerons ici à décrire l'appareil des bases de Borda, employé par Delambre à la mesure des bases de Perpignan et de Melun, parce qu'il contient un principe fécond qui a été utilisé dans les appareils postérieurement construits, puis enfin l'appareil de Brünner, employé en Espagne, en France, et désormais en Allemagne, l'Institut géodésiques de Berlin ayant fait acquisition de l'instrument. L'appareil de Brünner semble le dernier terme de la perfection. Il vient d'être employé en France par le Service Géographique de l'armée pour la mesure des bases de Juvisy (en remplacement de celle de Melun) et de Perpignan. Malheureusement, les résultats et la description de la mesure ne sont pas encore publiés, de telle sorte que nous emprunterons aux *Memorias del Instituto geografico de España* le détail des opérations à effectuer sur le terrain, en nous reportant à la mesure de la base de Madridejos, œuvre digne, d'ailleurs, à tout point de vue, d'être citée comme un modèle à reproduire et qui a, en effet, servi de guide dans des occasions semblables.

Il est facile de se représenter que si l'on augmente la longueur des règles, on diminuera le nombre des portées et, par suite, on abrégera le travail ; malheureusement, les règles longues fléchissent, erreur dont il faut se garer avec soin. De plus, elles deviennent de moins en moins maniables. Borda a adopté, pour ses règles, la longueur de 2 toises, soit environ 4 mètres ; l'expérience a consacré la valeur de ce choix ; c'est la dimension des appareils de Brünner.

Appareil de Borda. — Les appareils de Borda se composent de 4 règles identiques numérotées 1, 2, 3, 4 dont l'une d'elles, le nº 1, est exactement égale, à la température de 17°6, au double de la toise du Pérou elle-même, à la température de 16°25, c'est-à-dire que la règle de Borda nº 1 a exactement une longueur de 2 toises, à 17°6, puisque la longueur de la toise du Pérou, à la température de 16°25, définit précisément, par convention, la longueur de la toise. On remarquera de suite que les règles 3 et 4 peuvent être supprimées dans l'application de la méthode ; évidemment, l'auteur ne les introduites que dans le but de faciliter les manœuvres sur le terrain. Les règles 2, 3, 4 ont été comparées à la règle nº 1 et leur longueur exprimée par rapport à celle-ci.

Chacune des règles est en platine, mais elle est surmontée d'une règle en cuivre, un peu plus courte, qui lui est scellée invariablement par sa partie d'arrière. Le platine et le cuivre ayant des coefficients de dilatation fort différents (1), les deux règles se dilateront inégalement. La règle de cuivre est un peu plus courte que celle de platine (6 pouces) et porte, sur son extrémité libre, une petite graduation longitudinale qui se déplace devant un vernier fixé sur la règle de platine. Chaque division de la graduation vaut $\frac{1}{20000}$ de la longueur de la règle, c'est-à-dire 0 m. 0002 très sensiblement, et le vernier donne les dixièmes de division, c'est-à-dire les 0 m. 00002. Nous verrons plus loin comment on peut déduire des lectures ainsi faites la température de la règle de platine, et, par suite, sa longueur, au moment de l'observation.

L'extrémité d'avant de la règle de platine contient une coulisse dans laquelle une languette peut glisser à frottement doux. La languette peut ainsi saillir hors de la règle ; elle porte une division en vingt millièmes de la règle et se déplace devant un vernier tracé sur le bord de la coulisse, grâce auquel on lit les dixièmes de division, soit les 0 m 00002. En réalité, on *apprécie* les vingtièmes de partie, soit les 0,00001.

L'appareil est construit de telle sorte que, quand le zéro de la languette est en regard du zéro du vernier, l'extrémité de la languette se trouve exactement dans le plan de la section qui limite la règle ; d'où il résulte que cette languette pourra être utilisée pour mesurer la distance qui sépare le bout de la règle d'un autre objet placé devant elle à peu de distance.

Nous avons dit que les règles étaient au nombre de 4 ;

(1) K platine = 0,0000085655
K cuivre = 0,000018778

on les dispose dans le prolongement l'une de l'autre, le long de la ligne à mesurer : mais, afin d'éviter l'inconvénient des heurts ou des pressions qui se produiraient, si on mettait les règles en contact, on laisse entre celles-ci un petit intervalle que l'on mesure fort exactement au moyen des languettes de platine, en amenant l'extrémité libre de chaque languette en contact avec la partie postérieure de la règle suivante. Chaque système de règle est posé sur un madrier de sapin assez épais pour résister sensiblement à la flexion ; elles sont maintenues dans une direction invariable par de petits anneaux sous lesquels elles peuvent glisser dans le sens de la longueur. Enfin, une boîte soutenant un toit peint sert à protéger la règle contre l'action directe des rayons solaires. Cette boîte est percée d'ouvertures qui laissent circuler l'air. On a disposé, tout le long de la ligne à mesurer, des pièces de bois munies à leur surface inférieure de pointes de fer que l'on enfonce dans le sol à coups de marteau et qui assurent des points d'appui solides, destinés à supporter des trépieds en fer à vis calantes. Sur ces trépieds, l'on place ensuite les règles et, par le jeu des vis, on s'arrange de manière à ce que l'extrémité de chaque règle se trouve à la hauteur de la languette précédente. Enfin, chaque règle est rendue à très peu près horizontale. On mesure, d'ailleurs, son inclinaison au moyen d'un niveau, d'une forme aujourd'hui complètement abandonnée. C'est un assemblage de deux pièces de bois perpendiculaires l'une sur l'autre et d'égale longueur. Ces pièces sont assujetties, à leurs extrémités libres, par une traverse de bois perpendiculaire elle-même à la bissectrice de l'angle. Une règle se meut autour du sommet de l'angle ; son extrémité se déplace devant un petit arc gradué de 10′ en 10′. Un vernier, tracé sur l'alidade, permet de lire les minutes. En vertu de son poids, l'alidade se place toujours verticalement et l'appareil est tel que, reposant sur un plan horizontal par ses branches aplanies, elle tombe au milieu du petit arc divisé. Si, au contraire, la surface est inclinée, la somme des deux lectures donnera le double de l'inclinaison.

Pour obtenir la correction à la longueur observée, on remarquera que la projection sur l'horizon d'une droite inclinée est :

$$A'B' = AB \cos i = AB\left(1 - 2\sin^2\frac{i}{2}\right)$$

et comme l'inclinaison i est toujours très faible :

$$A'B' = AB\left(1 - 2\frac{i^2}{4}\right) = AB - \frac{AB}{2}i^2$$

On remarquera que le terme i^2 doit être exprimé en parties du rayon.

Les longueurs à projeter ne pouvant excéder que de fort peu la longueur de la règle, on construira aisément une table numérique qui donnera immédiatement la correction toujours négative $-\frac{1}{2}AB\,i^2$, pour toutes les valeurs de AB et de i.

A la fin de chaque journée, dans le but de repérer aussi exactement que possible le point d'arrivée, on dispose un peu en arrière de la dernière règle employée, un trépied massif en fer qui se fixe dans le sol au moyen de fortes pointes. Une réglette mobile dans une coulisse à la surface du trépied est amenée dans une position telle qu'elle soit tangente à un fil à plomb affleurant lui-même le talon de la règle. On arrête ensuite la réglette par une vis de pression. Puis, on laisse les appareils en l'état, en les protégeant par un châssis recouvert de toile cirée. Lors de la reprise des observations, on s'assure que les contacts n'ont pas été modifiés. Si la condition est satisfaite, on place les trois autres règles à la suite de la première; mais, dans le cas contraire, on déplace légèrement la règle de manière à l'amener en contact avec le fil à plomb tangent à l'extrémité de la réglette fixe.

Les règles 2, 3, 4, mises à la suite de la première, nécessitent une correction totale d'étalonnage de 1 partie, soit $-\frac{1}{20000}$ de la longueur de la règle ou — 0 toise 00001. Enfin, les zéros des languettes, ne correspondant point d'une manière rigoureuse aux 0 des graduations, lorsqu'elles sont poussées contre un plan bien perpendiculaire à la section de chaque règle, il en résulte une correction totale pour les 4 règles de 0 p. 6, soit 0 toise 000006.

On a vu que la règle N° 1 est rigoureusement égale à 2 toises, à la température de 17°6; c'est donc à cette température qu'il faudra ramener la mesure exprimée par rapport à la règle N° 1 pour la pouvoir transformer ensuite en toises. A cet effet, on a déterminé l'allongement du système des 4 règles, qui correspond à une division du thermomètre métallique. Pour obtenir ce résultat, on dispose, au centre d'un vaste terrain isolé, deux fortes bornes, enfouies dans le sol à 1 mètre et demi de profondeur, où elles reposent sur un massif de maçonnerie. Ces bornes ne dépassent le sol que d'une vingtaine de centimètres; entre elles, on dispose, sur des rouleaux, les madriers porteurs des règles. Celles-ci sont ajustées de manière à former une ligne droite ininterrompue. L'extrémité de la première est fixée, par un ajustage, au centre de la borne A; l'autre extrémité aboutit sur la borne B à quelque distance d'un plan de cuivre, dont la distance peut s'évaluer à tout instant au moyen de la languette de la règle.

Les observations durèrent douze jours avec une température comprise entre 3° et 25°. On lisait d'abord la languette, puis les 4 verniers des règles de cuivre dont on prenait la moyenne : puis, on lisait les verniers et la languette. Tous calculs de réduction faits, on trouva que le système des 4 règles s'allongeait de $\frac{0 \text{ toise } 9245}{100000}$ pour une division du thermomètre métallique.

Par conséquent, si l'on peut connaître l'indication du thermomètre métallique pour la température 17°6, on réduira la longueur mesurée en toises en multipliant l'excès de l'indication du thermomètre, pendant la mesure, sur l'indication relative à la température 17°6, par le nombre 0,000009245. Pour arriver à cette connaissance, on a placé les quatre règles assujetties ensemble, dans une auge de bois remplie d'eau et de glace concassée. Le nombre 383,8 moyenne des 4 thermomètres métalliques correspondait à la température 0°. Puis, remplaçant l'eau froide par de l'eau à 36°,4 la moyenne des thermomètres métalliques, comparée à celle relative à la glace fondante, donna l'indication correspondant à 17°6, soit 471.13. La correction sera donc positive chaque fois que l'indication des thermomètres métalliques, pendant la mesure, sera supérieure à 471.13 ; négative, dans le cas contraire.

Récapitulons maintenant les corrections à faire subir aux observations :

Soit n le nombre de règles, c'est-à-dire le nombre de fois que l'on aura transporté le système des 4 règles. (On a observé dans chaque portée : 1° les languettes; 2° les thermomètres métalliques; 3° l'inclinaison de chaque règle.)

I. Exprimer la longueur en parties de la règle n° 1, au moyen du nombre de règles de chaque espèce et des corrections d'étalonnage données plus haut. On a, en toises:

$$l = 2\,n - \Sigma, \text{corrections d'étalonnage.}$$

II. Somme des languettes, ramenée à la température 17°6 du thermomètre centigrade, au moyen du coefficient de dilatation du platine.

III. Correction du zéro des languettes : $-\dfrac{1 \text{ toise}}{100000} \times$ nombre de portées.

IV, Réduction à l'horizon : correction toujours négative, égale à la somme algébrique des corrections tirées pour chaque règle, à l'aide de l'inclinaison, de la table numérique $\frac{1}{2}$ AB i^2.

V. La longueur obtenue par les opérations I, II, III, IV, donne la longueur de la base, en *toises de platine, à la température* représentée par la moyenne des lectures des thermomètre métalliques. On ramènera cette longueur à la longueur de 17°6, c'est-à-dire en toises du Pérou, par la considération suivante :

$$L = L_o + 0 \text{ toise } 000009245 \times (\theta - 471.13)$$

La longueur L, ainsi calculée, est mesurée sur le sol, à une altitude différente de celle du niveau des mers, à laquelle on est dans l'habitude de rapporter toutes les mesures géodésiques.

On peut évidemment supposer, sans erreur sensible, que la base mesurée sur le terrain se rapporte à une altitude moyenne h, donnée par la moyenne arithmétique des altitudes des deux extrémités. En écrivant alors que les arcs interceptés sont proportionnels à leurs rayons on a :

$$\frac{B}{x} \times \frac{R+h}{R}$$

d'où :

$$x = B . \frac{R}{R+h}$$

ou, en développant, mais en s'arrêtant au 2e terme largement suffisant :

$$x = B\left(1 - \frac{h}{R}\right)$$

La correction est donc $-\frac{Bh}{R}$.

Cette correction est donc toujours négative ; car, il n'y a guère que certaines parties du Sahara où l'on pourrait peut-être trouver un sol ferme au-dessous du niveau des mers.

La base, est ainsi réduite au niveau des mers ; si on veut l'exprimer en mètres, il faudra la multiplier par le rapport du mètre à la toise.

La base mesurée à Perpignan par Delambre peut servir à calculer la longueur de la seconde base (base de Melun) de cette célèbre opération : la longueur calculée et la longueur mesurée s'accordent à $0^{m}34$ près, bien que 63 triangles séparent les deux bases. Les Ingénieurs géographes ont tiré de ce faible *écart*, toutes sortes de conclusions dont il ne restera probablement pas grand chose le jour où la nouvelle Méridienne de France sera publiée. Nous affirmons d'avance que l'œuvre de Delambre restera comme un monument incomparable auquel les perfectionnements des instruments modernes n'auront apporté que des changements insignifiants et sujets eux-mêmes à vérification.

Nous avons dit que les règles devaient être alignées exactement le long de la ligne à mesurer; dans ce but, la boîte des règles portait, à sa partie supérieure, deux pinnules repérant la direction de la règle et servant à l'orienter.

L'orientation des règles sur le terrain est une difficulté commune à toutes les mesures de bases, quel que soit l'ap-

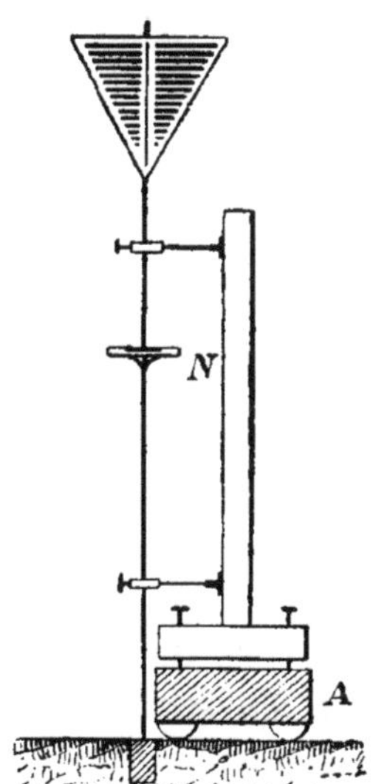

Fig. 16.

pareil employé. Dans le but d'y parer, on commence par jalonner la base sur le sol, c'est-à-dire qu'on enfonce, de distance en distance, à 200 mètres environ des bornes de pierre, qui portent à leur surface une plaque métallique, sur laquelle on trace deux traits rectangulaires dont l'intersection correspond précisément au passage de la ligne idéale. Pour obtenir ces points, on place au-dessus de l'un des termes un théodolite et l'on vise un miroir placé exactement au-dessus du second terme, et l'on fait placer par un aide, aux distances voulues, une mire de forme spéciale. C'est une tige de fer terminée en pointe à sa partie inférieure et qui porte à sa partie supérieure un triangle isocèle renversé tel que le prolongement de la tige soit la hauteur du triangle : c'est précisément cette hauteur que l'on pointera avec la lunette du théodolite. Un niveau, fixé à la tige de fer, permettra de lui donner une position rigoureusement verticale. Si donc, l'aide, interprétant les signaux que lui fait l'opérateur, a placé verticalement cette mire dans une position telle que son image soit bissectée par la croisée de fils du réticule, dans la position de la lunette qui correspond au pointé du miroir, on peut être assuré que l'extrémité de la tige repère exactement le passage de la ligne de base.

Dans la pratique, la pièce massive A, qui supporte la mire, est échancrée de telle sorte que la tige semble la pénétrer en perspective. Nous verrons plus loin la raison de cette disposition. La mire, décrite ci-dessous, a été employée, en Espagne, lors de la mesure de la base de Madridejos (1858) et en Suisse (1878) ; elle est parfaite.

Ayant ainsi déterminé une série de points rapprochés, marquant sur le sol la trace de la base, on s'en servira pour orienter les règles. Les procédés, employés à cet effet, ne sont pas uniformes ; celui qui a été suivi par le capitaine Perrier, dans la base d'Oran, paraît fort exact, car il permet de mesurer chaque fois la déviation de la règle ; toutefois, il paraît qu'on arrive très bien, dans la pratique, à aligner les microscopes au moyen d'une lunette horizontale, placée axe pour axe sur les supports des microscopes, en visant deux mires placées sur des repères. On aligne ainsi successivement les différents microscopes au fur et à mesure qu'ils deviennent libres.

Dans l'opération espagnole de Madridejos, les trépieds des appareils, porteurs de la règle et des microscopes, reposaient sur de lourdes dalles de granit que les aides transportaient en avant au fur et à mesure du progrès des opérations. Ces dalles ne pesaient pas moins de 130 kg. Enfin, la règle et les opérateurs étaient protégés contre le soleil et le vent par une sorte de galerie mobile à compartiments indépendants de 4 mètres de longueur. Chaque galerie présentait une fenêtre qui laissait pénétrer la lumière et qui pouvait être bouchée à ses extrémités par des panneaux mobiles que l'on accrochait. Neuf compartiments mobiles furent ainsi employés ; chacun de ceux ci portait extérieurement, de chaque côté, des crochets en fer recourbés, sous lesquels on passait des poutrelles qu'une équipe de 10 hommes enlevait. Ajoutons que chaque compartiment présentait un plancher intérieur, pourvu d'une ouverture longitudinale suivant l'axe, permettant de poser les supports instrumentaux sur les dalles de granit aménagées à cet effet. Grâce à cet agencement, le parquet, sur lequel les opérateurs se déplaçaient, était indépendant des instruments, précaution essentielle dans des mesures comportant une si grande précision.

L'étalonnage des règles et la détermination du coefficient de dilatation se fait aujourd'hui au Bureau International des Poids et mesures. On immerge la règle dans l'eau à 0° et l'on compare sa longueur à celle d'une règle étalon maintenue à 0°, en faisant tour à tour passer la règle des bases et l'étalon sous les axes de deux microscopes fixes et verticaux, pointés sur les traits des extrémités. On obtient ainsi la correction d'étalonnage; puis, remplaçant l'eau glacée par de l'eau tiède dans l'auge de la règle géodésique, on compare sa nouvelle longueur à celle de la règle étalon qui n'a pas changé: on obtiendra une équation dépendant de t et des coefficients numériques de t^1, t^2, t^3, dans l'expression générale des dilatations. Comme on connaît t, on connaît t^2 t^3 et les véritables inconnues sont ces coefficients. On fait un grand nombre d'expériences, à différentes températures, et l'on déduit de l'ensemble des équations de condition la valeur la plus probable de ces divers coefficients.

Quelque soit le procédé employé pour mesurer une base, la correction d'inclinaison s'effectuera comme précédemment, de même que celle de la réduction au niveau des mers; il n'y aura de changé que le calcul de la longueur de la tige de platine ou de la tige de cuivre.

La mesure d'une base est une opération coûteuse, longue et pénible. Elle nécessite un matériel d'instruments considérable, un personnel auxiliaire nombreux et la coopération de plusieurs observateurs. Le choix du terrain n'est pas non plus très aisé ; il n'est pas toujours facile, en effet, de pouvoir tracer une ligne droite sur le sol sans rencontrer des obstacles naturels ou élevés par les hommes. On ne peut guère utiliser que des routes droites et larges, sans s'exposer à être obligé de creuser des tranchées, établir des ponts, car on ne peut songer à donner à la règle qu'une faible inclinaison.

La seconde opération, qui s'impose après le jalonnement de la base, est la préparation du terrain, qui devra être aplani, autant que possible, et débarrassé des grosses pierres qui pourraient gêner la pose des trépieds.

Les extrémités de la base s'appellent les termes. Avant toute opération de mesure, il s'agit de repérer ces points d'une manière qui puisse braver les outrages du temps et des hommes. On a donc l'habitude de fixer, dans un massif de béton, un bloc rectangulaire de pierre, dont l'une des faces est horizontale; cette face est percée d'un trou cylindrique dans lequel on encastre un cylindre de platine dont la face porte deux diamètres rectangulaires. Le centre de ce cylindre caractérise l'extrémité de la base. On recouvre d'une dalle, et on élève, après les opérations, un monument solide et important, capable de résister aux attaques des esprits malveillants.

L'appareil des bases de Brünner, porte le nom de ce dernier constructeur, par suite de la perfection que cet artiste a su apporter dans la création d'un appareil-type. Le principe de l'appareil est dû à Porro, ingénieur piémontais qui vivait en France vers le milieu de ce siècle. Porro imagina de mesurer avec une seule règle graduée les intervalles séparant les axes optiques d'une série de microscopes verticaux pointés sur la ligne à mesurer. On voit qu'une seule règle est nécessaire pour une telle opération et qu'à la rigueur deux microscopes suffiraient, pourvu que l'on transportât successivement en avant le microscope 1, sans toucher au microscope 2, puis le microscope 2 sans toucher au microscope 1, et ainsi de suite ; mais, en réalité, pour gagner du temps, on emploie 4 microscopes, et les aides transportent chaque microscope, devenu libre, sur son nouvel emplacement. Pendant que l'opérateur, chargé de l'alignement, fait placer le trépied et le microscope dans la position voulue, les autres opérateurs exécutent le travail proprement dit de la mesure.

L'appareil des bases, de Brünner, se compose d'un assemblage de deux poutrelles de fer de plus de 4 m. de longueur dont l'une est posée à plat et l'autre verticale, formant ainsi une sorte de ⊥ renversé. Ces poutrelles sont intimement réunies par des équerres, pourvues de vis à écrous, placées de distance en distance ; celle qui est horizontale porte, vers chacune des extrémités, une paire de poignées métalliques solidement vissées, qui s'écartent obliquement. Ces poignées permettent à 4 aides de transporter l'appareil dans ses diverses positions successives sur le terrain.

La section horizontale de la poutrelle verticale supporte un système de deux règles (platine et cuivre) formant thermomètre métallique et servant à la mesure de la base, mais non point superposées comme dans l'appareil de Borda. Les deux règles ont des dimensions identiques ; leur longueur est d'un peu plus de 6 m., leur largeur de 2 millimètres, leur épaisseur de 5 millimètres. Elles sont séparées par un intervalle de un demi-centimètre environ.

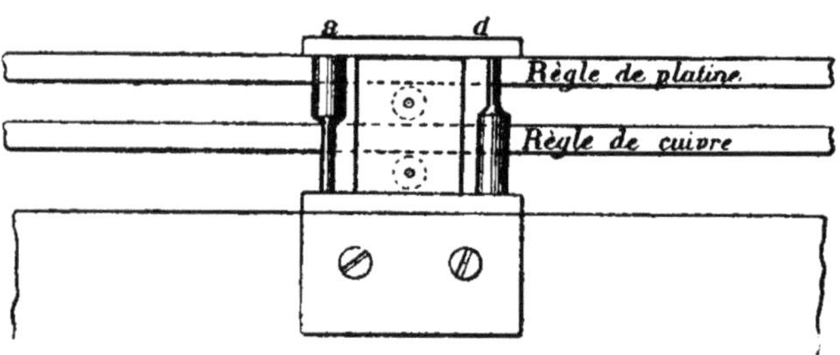

Fig. 17.

La règle supérieure est la règle de platine ; chaque règle repose sur de petits cylindres de cuivre dont les axes s'insèrent dans deux plaques de cuivre, parallèles à la règle, et réunies, à leur partie inférieure, par deux plaques. Ce système, qui forme un cube ouvert sur deux faces opposées, est vissé solidement sur la poutrelle par une saillie formant retour en équerre.

De plus, afin que ces deux règles soient comptètement indépendantes l'une de l'autre, les deux cylindres, qui se profilent en a, présentent, dans leur partie supérieure, un diamètre plus large de telle manière qu'ils pressent la règle de platine, sans toucher la règle de cuivre. Au contraire, les deux cylindres, qui se profilent en d, présentent, dans leur partie inférieure, un diamètre plus large, ce qui fait qu'ils maintiennent la règle de cuivre sans toucher celle de platine. Grâce à cet agencement, chaque règle peut se déplacer sur ses rouleaux horizontaux, sous l'effet de la dilatation, en faisant tourner sur eux-mêmes ces cylindres-guides, d'une façon complètement indépendante.

Le nombre des attaches de cette sorte est de 14 ; les plaques supérieures présentent toutes un petit trou permettant d'introduire les pattes d'un niveau qui repose alors directement sur la règle de platine, au travers des ouvertures, par deux attaches consécutives. L'attache du

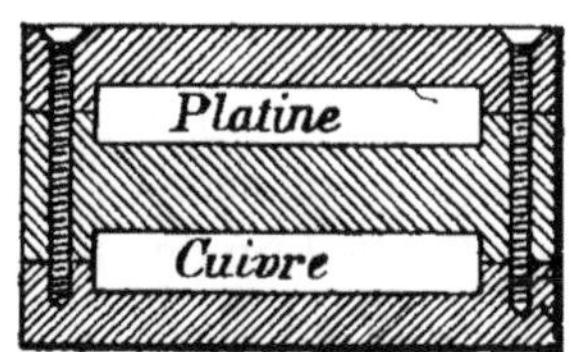

Fig. 18.

milieu de la règle offre seule une construction différente : les deux règles s'engagent entre des surfaces cylindriques, perpendiculaires à la règle. Ces surfaces cylindriques ne sont plus montées sur des axes fixés dans des parois latérales, mais sont réunies les unes aux autres, latéralement, par des vis qui les traversent de manière à serrer fortement les deux règles, suivant deux droites transversales.

superposées. Ainsi, les deux règles platine et cuivre, grâce à cette disposition, sont liées par leur milieu et d'une façon assez intime pour l'application de la méthode. On aurait, en coupe transversale, la figure ci-dessus.

La règle de platine est percée, vers chacune de ses extrémités, d'une fenêtre longitudinale au travers de laquelle on aperçoit la règle de cuivre. Une pièce de cuivre, vissée sur la règle, s'engage dans la fenêtre. Enfin, une pièce de platine, en forme de T, s'engage dans la fenêtre et pénètre dans une rainure creusée dans la pièce de cuivre. Par cette disposition, la règle de cuivre affleure celle de platine dans la région des fenêtres et l'effet de la dilatation pourra se produire librement dans un même plan, pour les deux règles. Enfin, la tige en platine n'est réunie à la pièce de cuivre que par une goupille transversale, ce qui fait que la dilatation de la pièce de platine pourra se produire indépendamment de celle de la règle de cuivre.

La règle de platine porte, vers chaque bout, un trait extrême qui tombe vers la fin de chaque fenêtre. Ces deux traits sont très approximativement distants de 4 mètres. Chaque fenêtre a une longueur de 12 cm. environ. La graduation se poursuit *d'un bout à l'autre de la règle*, suivant une droite qui affleure l'un des bords des fenêtres. En réalité, les centimètres, ou plutôt des 400 de la longueur, ne sont marqués que sur les bords des fenêtres ; les autres sont supprimés. Chaque division (au centimètre) est elle-même subdivisée en 100 parties égales (ou dix-millimètres), pour les 6 centimètres extrêmes. Les dix-millimètres sont numérotés de 10 en 10 par les chiffres 1, 2, 3, jusqu'à 60 qui correspond ainsi à 600 parties ou 600 dix-millimètres, c'est-à dire aux 6 centimètres subdivisés, mais la numération du quatre centièmes de règle (ou centimètre) continue avec des caractères plus gros 7, 8, 9, 10, et recommence à chaque mètre. La dernière grande division de l'extrémité d'avant de la règle est 94^{m} ou 394 ; les petites divisions sont numérotées de 40 à 100 par groupes de 10.

Les glissières de platine, scellées à la règle de cuivre, portent également deux traits extrêmes et une graduation qui suit le bord intérieur des fenêtres de manière à faire face à la précédente. Cette graduation se poursuit d'un bout à l'autre de la règle dans le même sens que la première, mais on n'en aperçoit que les extrémités comprises à l'intérieur des fenêtres. La graduation est d'ailleurs identique.

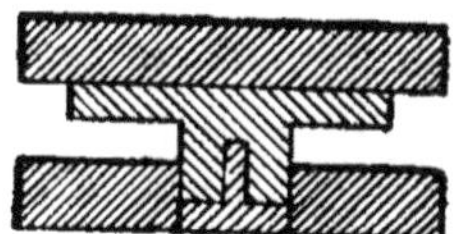

Fig. 19.

L'appareil repose sur deux supports placés dans la région des poignées. Ces supports sont de lourds trépieds de bois sur lesquels on place un trépied massif de bronze qui soutient lui-même une plateforme pourvue d'un niveau. Le niveau sert à rendre chaque plateforme horizontale. Un système de vis permet d'imprimer à la plateforme de légers déplacements en hauteur, ou en azimut, de manière à faciliter le nivellement approximatif de la règle et son alignement sur la ligne de base. Nous ne nous attarderons pas sur cet organe essentiellement accessoire et nous arriverons aux microscopes, à l'aide desquels on évaluera la distance des traits fixés à leur axe optique.

Ces microscopes se placent sur des trépieds au moyen d'une pièce de métal faisant l'affût de calibre de manière à ce que leur axe optique tombe aussi près que possible de la région des traits extrêmes. Chaque microscope se compose d'abord d'un trépied de bronze à vis calante, portant un plateau fixe, sur lequel est appliqué un deuxième plateau qui peut glisser dans des coulisses rectangulaires, mais qu'un système de vis de pression peut immobiliser. Ce plateau, peu large d'ailleurs, soutient sur un bord une colonne massive qui supporte elle-même une épaisse plaque de bronze faisant saillie au dehors, laquelle sert de support à un microscope à micromètre dressé verticalement. Un contrepoids équilibre sur le plateau à coulisse la charge de la colonne excentrique et du microscope. Un cercle fixe est soudé au bras horizontal; à l'intérieur de ce cercle fixe, un autre cercle tourne à frottement doux. Ce dernier cercle porte un niveau à bulle d'air, qui sert à le rendre horizontal, et deux montants verticaux, placés aux extrémités d'un même diamètre, qui servent à loger deux coussinets sur lesquels s'applique l'axe horizontal du microscope, dont le tube vertical traverse les plateaux ; enfin, deux vis de pression, opposées à la partie inférieure d'un tube soudé au bras horizontal, serviront à arrêter le tube du microscope dans son plan vertical d'oscillation, de manière que son axe optique soit rigoureusement vertical. Nous ne pouvons nous arrêter aux opérations délicates du réglage ; nous ajouterons seulement que le grossissement du microscope est de 60, et qu'il permet d'apprécier, au moyen de la vis micrométrique du micromètre, les millièmes de millimètres.

Pour les fins de journée, on remplace, sur les coussinets du porte-microscope, le dernier microscope employé par une lunette, de construction spéciale, à micromètre, qui permet d'apercevoir les objets éloignés et les objets rapprochés sans faire varier la distance de l'objectif et de l'oculaire. Dans ce but, une lentille achromatique est montée sur un tube intérieur que l'on déplace à l'aide d'un pignon à crémaillère. On visera le dernier trait employé, puis, sur une borne fichée en terre, on fixera une lame de plomb, munie de deux traits rectangulaires, dans une position telle que l'image de la croisée des traits coïncide avec celle du trait de la règle.

Enfin pour l'alignement des microscopes, on transportera l'avant-dernier microscope dans sa nouvelle position ; on remplacera encore, sur ses coussinets, le microscope par une lunette du même système, puis on visera deux mires éloignées, placées préalablement dans l'alignement ; si l'image des deux mires peut coïncider, on est sûr que le microscope sera exactement sur l'alignement. Dans le cas contraire, on rectifiera sa position.

Nous arrêterons ici cette description sommaire, suffisante pour comprendre le jeu de l'appareil et l'esprit de la méthode. Nous n'entrerons pas dans le détail des opérations de réglage des microscopes et des lunettes, ni dans celui des calculs à effectuer. Une telle exposition nécessiterait une place dont nous ne disposons pas. Nous nous bornerons à renvoyer les lecteurs, qui voudraient être particulièrement éclairés sur les détails d'une si grave entreprise géodésique, à l'un des plus prochains volumes du mémorial du Dépôt de la Guerre, qui renfermera tous les détails de la mesure de base si habilement conduite par les officiers du Service Géographique, dans les environs de Juvisy, pendant l'été de 1890. A défaut de cette publication, on pourra encore se reporter au volume intitulé. « Expériences sur l'appareil des bases », publié par l'Institut géographique d'Espagne.

On construit également des règles monométalliques, en fer forgé, que l'on utilise de la même manière que les bimétalliques, dont l'emploi vient d'être décrit. Dans les appareils monométalliques, la température est donnée par des thermomètres à mercure.

CHAPITRE VIII

Du calcul des réseaux géodésiques.

Nous avons dit que les signaux géodésiques de deuxième ordre étaient le plus souvent des blocs de maçonnerie grossière, de forme tronconique, soutenant souvent en leur centre une poutrelle verticale, construits dans un lieu découvert d'où l'on peut apercevoir non seulement les sommets géodésiques de deuxième ordre voisins, mais encore un certain nombre de points de troisième ordre. Par suite de ce mode de construction, on voit qu'il sera impossible d'installer le théodolite, ou le cercle azimutal à 2 microscopes, dans une position telle que le centre de l'instrument coïncide avec le centre du signal. On choisit cependant, comme centre de station, le centre du signal et l'observateur installe son instrument sur un pilier proche de ce signal, cette distance pouvant atteindre, s'il est nécessaire, une centaine de mètres; il prend soin seulement de mesurer avec un ruban d'acier, aussi exactement que possible, la distance z du centre de station au centre de l'instrument, et il mesure également, mais d'une façon très grossière, à 1 minute près, par une visée (vérifiée), l'angle formé par la droite qui joint le centre de l'instrument au centre du signal, avec la ligne qui joint le centre de l'instrument au signal de référence, c'est-à-dire que le cercle étant placé dans une position telle que l'index marque 0 c., la lunette étant pointée sur le signal de référence, il fait simplement la lecture qui correspondrait à l'axe du signal de la station où il opère. Soit l_0 cette lecture.

Soit O le centre de l'instrument, C le centre de station ; A le point de référence, B un signal quelconque. Nous allons chercher les corrections qu'il faudrait appliquer à chacune des lectures, si l'on transportait l'instrument, parallèlement à lui-même, de O en C. Nous supposerons les opérations de mesure terminées, toutes les directions ramenées par soustraction à ce quelles auraient été si l'on avait pris constamment O pour origine sur le point de référence, et les directions résultantes conclues. La lecture l sur B prendrait la direction CB', parallèle à CB' ; mais, la droite qui joindrait le centre de l'instrument au point B serait CB et correspondrait à une lecture l'. La correction à appliquer à la lecture CB' est l'angle BCB' ; on voit que, par suite du sens de la graduation (qui est celui du mouvement des aiguilles d'une montre), la lecture sur CB' sera plus forte que

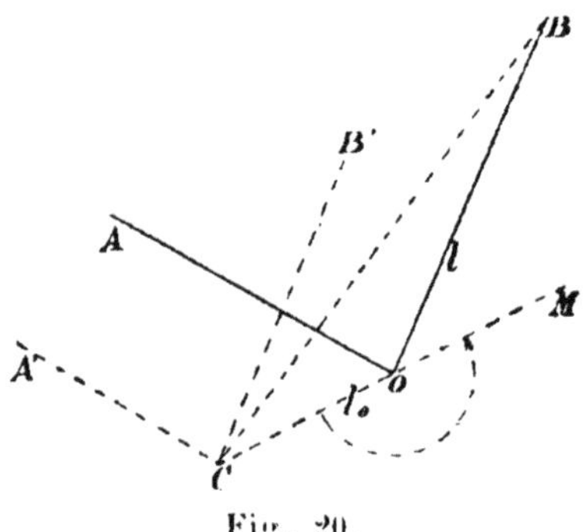

Fig. 20.

celle sur CB; la correction sera donc *négative*. Pour calculer cette correction, on a, dans le triangle BOC, la proportionnalité des sinus aux côtés ; d'où

$$\frac{\sin CBO}{\sin BOC} = \frac{CO}{BC}$$

Mais, on a, d'autre part. CBO $= x$, BOC $= 2\pi$ — COB $=$ $2\pi - (l - l_0)$; donc, sin BOC $= \sin(l - l_0)$ et, enfin. CO$=z$; et, très sensiblement, BO $=$ BC $= a$ (côté du triangle). On tirera :

$$\sin = x\frac{r}{a}\sin(l - l_0).$$

Or, on peut remarquer que, sur la figure, l'angle $l - l_0$ est plus grand que π, puisque le point B tombe de l'autre côté de la droite CO prolongée ; donc sin $(l - l_0)$ est négatif et, par suite, la correction est donnée avec son signe par la formule ci-dessus. On la simplifiera, en remarquant que x est très petit et que, par conséquent, pour avoir x en secondes il suffit de diviser son sinus par sinus 1″, d'où :

$$x = \frac{r}{\sin 1''}\;\frac{\sin(l - l_0)}{a}$$

Chaque direction observée en O devra subir une correction analogue, calculée à l'aide de la lecture sur le signal et de la distance approchée.

Donc, après avoir rangé en tableau les lectures ramenées à la lecture O sur le point de référence et conclu les directions correspondantes, on calculera des triangles provisoires en limitant les angles à la minute et en se bornant à la 4e décimale logarithmique. On déterminera ainsi des valeurs du côté que l'on peut considérer comme suffisamment exactes, on transportera ces valeurs dans la formule ci-dessus où l'on introduira également la direction correspondante au point considéré et l'on obtiendra la correction x avec son signe. Si l'on prend sin 1'' centésimale, la correction sera exprimée en secondes centésimales et la lecture réduite au centre est $l' = l + x$.

On effectuera en bloc tous les calculs de *réduction au centre* de toutes les directions observées à une même station. C'est à la fois le moyen le plus rapide et le plus sûr. D'ailleurs, ce calcul ne comporte que 4 décimales aux logarithmes et s'effectuera très commodément à l'aide des tables logarithmiques à 4 décimales des sinus et des antilogarithmes insérés dans la table de logarithmes à 5 chiffres publiée, en 1889, par le Service Géographique.

Après avoir corrigé ainsi toutes les directions, en chaque station, on conclura par différence les angles qui doivent entrer dans le calcul des triangles. Nous avons déjà dit que l'on pouvait substituer au calcul du triangle sphérique, dont on connaît chaque fois un côté et les trois dièdres, celui d'un triangle plan ayant même côté que le triangle sphérique, dont les angles sont égaux aux dièdres du triangle sphérique, diminués de $\frac{1}{3}$ de l'excès sphérique.

Legendre a démontré que ces deux triangles ont même surface, que l'excès sphérique est précisément égal à $\frac{S}{R^2}$ lorsque, bien entendu, les côtés du triangle sont très petits par rapport au rayon de la sphère.

Ramenons le triangle à la sphère de rayon 1 ; les angles dièdres ne seront pas changés et l'on aura :

$$\sin \frac{1}{2} A = \sqrt{\frac{\sin \frac{p-b}{R} \sin \frac{p-c}{R}}{\sin \frac{b}{R} \sin \frac{c}{R}}}$$

et

$$\cos\frac{1}{2}A = \sqrt{\frac{\sin\frac{p}{R}\sin\frac{p-a}{R}}{\sin\frac{b}{R}\sin\frac{c}{R}}}$$

En développant en série les sinus, mais en s'arrêtant au 2e terme, il vient :

$$\sin^2\frac{A}{2} = \frac{\left[\frac{p-b}{R} - \frac{1}{6}\frac{(p-b)^3}{R^3}\right]\left[\frac{p-c}{R} - \frac{1}{6}\frac{(p-c)^3}{R^3}\right]}{\left(\frac{b}{R} - \frac{1}{6}\frac{b^3}{R^3}\right)\left(\frac{c}{R} - \frac{1}{6}\frac{c^3}{R^3}\right)}$$

$$\cos^2\frac{A}{2} = \frac{\left[\frac{p}{R} - \frac{1}{6}\frac{p^3}{R^3}\right]\left[\frac{p-a}{R} - \frac{1}{6}\frac{(p-a)^3}{R^3}\right]}{\left(\frac{b}{R} - \frac{1}{6}\frac{b^3}{R^3}\right)\left(\frac{c}{R} - \frac{1}{6}\frac{c^3}{R^3}\right)}$$

On trouve, en négligeant tous les termes où R apparaît avec degré supérieur au 4e, puis en développant en série les quotients et les puissances :

$$\sin\frac{1}{2}A = \sqrt{\frac{(p-b)(p-c)}{bc}}\left[1 + \frac{p(p-a)}{6R^2}\right]$$

$$\cos\frac{1}{2}A = \sqrt{\frac{p(p-a)}{bc}}\left[1 - \frac{(p-b)(p-c)}{6R^2}\right]$$

Si l'on considère maintenant le triangle rectiligne dont les côtés ont même longueur :

$$\sin\frac{1}{2}A' = \sqrt{\frac{(p-b)(p-c)}{bc}}$$

et

$$\cos\frac{1}{2}A' = \sqrt{\frac{p(p-a)}{bc}},$$

on peut alors former les produits $\sin\frac{A}{2}\cos\frac{A'}{2}$ et $\sin\frac{A'}{2}\cos\frac{A}{2}$ qui entrent dans l'expression de $\sin\frac{A-A'}{2}$; il vient :

$$\sin\frac{A-A'}{2}=\sqrt{\frac{p(p-a)(p-b)(p-c)}{6R^2}}=\frac{1}{6}\frac{S'}{R^2}$$

d'où, enfin, comme $\frac{A-A'}{2}$ est très petit :

$$\frac{A-A'}{2}=\frac{1}{6}\frac{S'}{R^2\sin 1''}.$$

Par suite :

$$A=A'-\frac{1}{3}\frac{S'}{R^2\sin 1''}.$$

On aurait la même relation pour chacun des angles et, comme l'excès de la somme des dièdres d'un triangle sphérique sur deux droits est, par définition, l'excès sphérique et que $A'+B'+C'=2$ droits, on conclut :

$$A+B+C-\pi=A'+B'+C'-\frac{S'}{R^2\sin 1''}-\pi$$

ou :

$$\varepsilon=\frac{S'}{R^2\sin 1''}.$$

On calculera donc les excès sphériques de tous les triangles de premier et deuxième ordre et la différence entre la somme des angles et 200 grades $+\varepsilon$ fournira un critérium excellent de la qualité des observations.

Dans la pratique, il faut tenir compte de la forme véritable de la terre qui n'est point sphérique. Il en résulte que R n'est point une quantité constante ; mais, l'erreur sera absolument insensible si l'on substitue à la surface terrestre la surface de la sphère dont le rayon est égal au rayon de courbure de l'ellipsoïde, pour la latitude du centre du triangle. On construira donc une table donnant avec 5 chiffres les valeur de la constante $\frac{1}{2R^2 \sin 1''}$, de grade en grade ; les différences d'un nombre au suivant, atteignant à peine quelques unités, un simple coup d'œil sur le canevas de la triangulation indiquera, d'une façon grandement suffisante, la latitude de la région centrale du triangle et par suite, fournira le moyen de prendre dans la table le facteur correspondant. L'excès sphérique se calculera alors en formant :

$$\varepsilon = a\,b \sin C \times \frac{1}{2\,R^2 \sin 1''}$$

ou:

$$\varepsilon = a^2 \frac{\sin B \sin C}{\sin A} \cdot \frac{1}{2\,R^2 \sin 1''}$$

Il suffira de faire ce calcul avec 4 ou 5 décimales aux logarithmes.

Nous avons jusqu'ici considéré le cas d'une chaîne de triangles accolés les uns aux autres ; dans la pratique, une

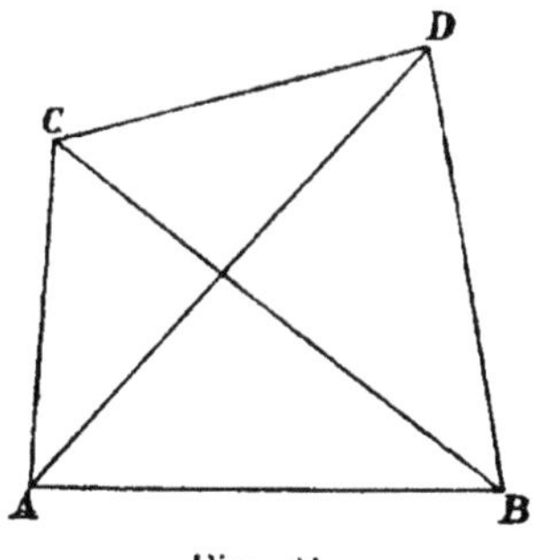

Fig. 21.

telle chaîne serait médiocre parce qu'elle ne fournirait aucune indication sur les compensations d'erreurs qui peuvent se produire dans la sommation des trois angles. On double, en réalité, la chaîne en construisant non pas une suite de triangles, mais une suite de quadrilatères où figurent les diagonales, d'où il résulte que pour obtenir le coté CD en partant de AB, il existe deux enchaînements distincts :

1° Le triangle CAB puis le triangle DCB ;

2° Le triangle DAB puis le triangle CAD.

Mais, quel que soit l'enchaînement suivi, s'il n'existait aucune erreur d'observation, on devrait trouver pour CD le même nombre : d'où une première équation de condition plus ou moins satisfaite dans la pratique. Enfin, on remarquera que si trois des triangles ferment à O, nécessairement le quatrième fermera, car l'équation entre les corrections à appliquer à chacun des angles observés, relative au 4° triangle, résulterait algébriquement de la combinaison des équations relatives aux trois premiers. D'ailleurs, si l'on a écrit que la somme des angles corrigés des triangles ACB et DCB valait deux droits, on a, en réalité, écrit que la somme des angles du quadrilatère valait quatre droits et si l'on écrit encore que celle des angles corrigés du triangle DAB vaut deux droits, géométriquement celle des angles que l'on conclurait pour le 4e triangle ACD vaudra deux droits.

Quelquefois, les quadrilatères empiètent les uns sur les autres, formant des ensembles de lignes très complexes.

Tel est le canevas des triangles compris dans le polygone ci-dessous : Les Choux-Desportes-Fontaines-Bouhy-Assigny, dans lequel il ne manque qu'une ligne : les Choux-Fontaines.

On conçoit qu'entre *n* points donnés on a intérêt à mener le plus grand nombre possible de lignes, parce que l'on multiplie le nombre des équations de condition, c'est-à-dire des vérifications, si l'on considère une figure comportant p points et l lignes, pour former le polygone et joindre les points intérieurs à l'un des sommets, il faut

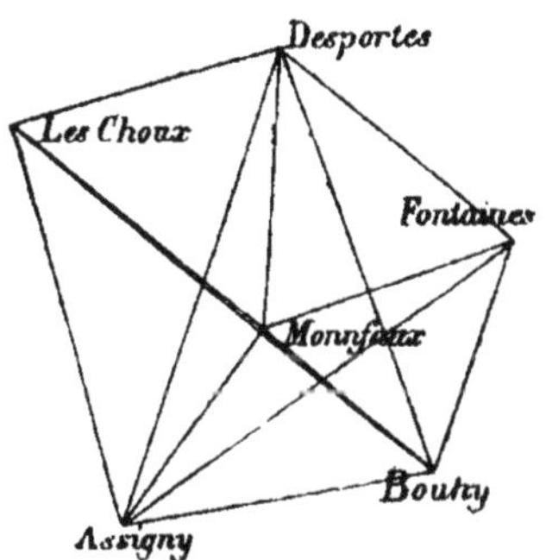

Fig. 22.

déja p lignes, et ces p lignes n'introduisent qu'une condition, c'est que la somme des angles intérieurs est égale à 2 droits$(p - 2)$. Il reste $l - p$ lignes qui introduisent chacune une condition nouvelle quelles divisent en deux parties (le polygone dont la somme des angles est calculable d'avance); si donc une partie du polygone est rendu géométrique par une ligne. l'autre le sera, *ipso facto*. Par conséquent, on aura entre les angles observés :

$$l - p + 1 \text{ équations.}$$

Remarquons maintenant que le côté de départ est déterminé par 2 points, qu'il reste par conséquent $p - 2$ points à déterminer ; or, pour déterminer un point, il faut 2 lignes rattachant ce point à 2 sommets connus ; il faudra donc pour le $p - 2$ points $2(p - 2)$ lignes et en ajoutant 1 ligne pour la cote de départ :

$$2(p - 2) + 1 = 2p - 4 + 1 = 2p - 3$$

Si donc, on a l lignes, le nombre des *équations* entre les côtés sera :

$$l - 2p + 3.$$

On conçoit que lorsqu'il s'agit de rattacher la base mesurée sur le terrain au côté de départ de la triangulation, comme ce dernier côté est en général beaucoup plus long que la base, surtout dans les triangulations étrangères où le rapport des longueurs peut attendre 10, il est extrêmement utile de faire ce rattachement avec une précision telle que l'erreur qu'il comporte soit aussi proche que possible de 0. Dans ce but, on rattache cette base par un *Réseau de liaisons* fort compliqué de manière à disposer d'un nombre considérable d'équations entre les angles et entre les côtés.

L'objectif des équations de cette espèce est de fournir les éléments nécessaires au calcul d'un système de corrections aux directions observées, qui rende le réseau géométrique et, par conséquent, satisfasse à toutes les équations de condition. Le nombre des corrections aux directions étant plus grand que celui des équations de condition, la résolution numérique du système serait indéterminée. Mais, on la fixe en s'imposant la condition que la somme des carrés des corrections soit un minimum. Pour employer une expression familière aux personnes versées dans les sciences d'observation, on résout les équations par la méthode des moindre carrés.

Rendre un réseau géométrique par l'application aux directions d'un système de corrections s'appelle compenser ce réseau.

Nous n'entrerons pas dans le détail des calculs de compensation ; car, les calculs qu'ils nécessitent sont d'une telle longueur qu'ils ne peuvent guère être entrepris que dans des établissements spéciaux. On en aura une idée en se représentant que la base de Madridejos, qui comportait un enchaînement de 10 points par 45 lignes, a donné 36 équations aux angles et 28 aux côtés pour 80 inconnues.

Pour résoudre un tel groupe de 64 équations à 80 inconnues par la méthode des moindres carrés, il faut plusieurs mois de travail à deux praticiens habiles, opérant séparément. D'ailleurs la pose des équations de condition est elle-même fort délicate, car il ne faut omettre aucune condition nécessaire et surtout ne point remplacer une condition nécessaire par une condition superflue ; ceci demande beaucoup de soin et d'habitude. Il nous suffira donc d'avoir indiqué le principe des compensations.

Lorsqu'une chaîne contient deux bases : l'une au départ, l'autre à l'arrivée, on peut, d'après ces principes, calculer un système de corrections pour les angles, tel que la seconde base, calculée en fonction de la première, soit égale à la longueur mesurée directement. Enfin, si l'on a d'autre chaînes qui coupent les premières, on aura de nouvelles équations de condition auxquelles on pourra satisfaire également. On dit alors que la compensation du réseau est générale : tel est l'objectif de l'association géodésique internationale pour l'Europe Centrale.

Ayant ainsi compensé le réseau géodésique de premier ordre, on calcule les triangles de second ordre. On n'a pas l'habitude de compenser les réseaux de second ordre ; ce serait peine superflue, étant donné le but de ces triangles ; on prend, lorsqu'il y a lieu, des moyennes arithmétiques entre les différentes valeurs des côtés. On passe ensuite aux triangles de 3e ordre, qui contiennent, comme on l'a dit, un angle connu, mais comme chaque point de 3e ordre est toujours rattaché (sauf dans quelques cas exceptionnels) par 2 triangles au moins, on aura une vérification par un côté commun. Cinq décimales suffiront pour les triangles de 3e ordre.

Ayant calculé tous les triangles, on calculera les coordonnées géographiques de tous les sommets, pourvu que l'on connaisse la longitude, la latitude et l'azimut de l'un des sommets de 1er ordre.

On fait usage, en France et en Espagne, des formules suivantes dont on trouvera la démonstration un peu longue dans le Mémorial du Dépôt de la Guerre, tome VI. Soient L. la latitude du point de départ, M la longitude. Z l'azimut du sommet géodésique de 1er ordre suivant, K la longueur du côté en mètres, L'. M' et Z' les coordonnées du point d'arrivée :

$$L' = L - P.\ K \cos Z - Q.\ K^2 \sin^2 Z.$$

$$M' = M + RK \sin Z \operatorname{séc} L.$$

$$Z' = 200g + Z - (M' - M) \sin \frac{L + L'}{2}$$

dans laquelle P, Q, R sont des constantes numériques réduites en tables et qui dépendent uniquement de la latitude du point de départ :

$$R = \frac{(1 - e^2 \operatorname{Sin}^2 L)^{\frac{1}{2}}}{a \operatorname{Sin} 1''}$$

$$P = R.\ (1 + e^2 \cos^2 L)$$

$$Q = \frac{PR}{2} \operatorname{tg} L \sin 1''$$

Enfin, les quantités a et e sont le demi-grand axe équatorial et e l'excentricité déduite de l'aplatissement terrestre. On adopte, en France, pour dimensions du globe terrestre, celles qui ont été données par Clarke, en 1880, et qui résultent d'une discussion générale des arcs de méridien mesurés : $a = 6378253^m \pm 75^m$, $b = 6356521^m \pm 111^m$.

$$\text{aplatissement } p = \frac{1}{293.46}$$

A chaque station, on formera, par sommation ou différence, les azimuts des autres sommets reliés. Il faudra, pour cela, se reporter au canevas de la triangulation ; on verra immédiatement si le nouveau point correspond à un azimut plus fort ou à un azimut plus faible, si l'on se rappelle que les azimuts se comptent du sud au nord en passant par l'ouest.

On pourra donc, de proche en proche, calculer les coordonnées de tous les points du réseau, et comme ce calcul est quelque peu long et difficile, on aura bénéfice à calculer successivement chaque sommet au moyen des deux sommets situés aux deux extrémités d'un côté d'un triangle. Les deux valeurs de L et de M doivent être identiques et, si l'on fait la différence des deux azimuts Z', on doit retrouver le 3e angle du triangle.

S'il s'agit d'un triangle faisant partie d'un enchaînement non compensé, il conviendra, pour la fixation des nouveaux azimuts aux deux sommets de départ, d'introduire les angles sphériques, c'est-à-dire les angles corrigés du tiers de l'erreur de fermeture. La vérification se fait alors à quelques centièmes sur les trois coordonnées. On peut d'ailleurs rendre la coincidence parfaite à l'aide de tables de correction calculées par le colonel Hossard ; mais cette grande précision n'est intéressante que dans les chaînes de 1er ordre.

Les calculs des coordonnées géographiques des points de 1er et 2e ordre doivent être faits avec 7 décimales, mais ceux de 3e ordre avec cinq seulement, en raison du peu de longueur des côtés.

Ce sont ces coordonnées géographiques qui permettent de placer les divers sommets sur la feuille que l'on remet aux topographes.

Lorsque le point de départ et le point d'arrivée d'une chaîne sont des stations astronomiques, la comparaison des coordonnées géodésiques et des coordonnées mesurées directement fournit une vérification réciproque des opération géodésiques et atmosphériques. Malheureusement, la vérification se fait rarement d'une façon très complète.

Le résidu provient certainement, en partie, de l'accumulation des erreurs angulaires dans l'intervalle, de l'erreur commise sur l'azimut au point de départ, qui a eu pour effet de dévier la chaîne toute entière à droite et à gauche; mais, une partie du résidu est souvent attribuable à l'effet des déviations locales de la verticale. Ici, nous touchons au domaine de la spéculation pure, et nous sortirions du cadre que nous nous sommes tracé en discutant cette question.

TABLE DES MATIÈRES

www.ingramcontent.com/pod-product-compliance
Ingram Content Group UK Ltd.
Pitfield, Milton Keynes, MK11 3LW, UK
UKHW021152260726
13994UKWH00001B/415

9 782329 441894